Praktikum der Färberei und Druckerei

für die chemisch-technischen Laboratorien der Technischen Hochschulen und Universitäten, für die chemischen Laboratorien höherer Textil-Fachschulen und zum Gebrauch im Hörsaal bei Ausführung von Vorlesungsversuchen

von

Dr. Kurt Brass

o. Professor der Deutschen Technischen Hochschule Prag

Zweite, verbesserte Auflage

Mit 5 Textabbildungen

Berlin

Verlag von Julius Springer

1929

ISBN-13: 978-3-642-98773-1   e-ISBN-13: 978-3-642-99588-0
DOI: 10.1007/ 978-3-642-99588-0

Vorwort zur ersten Auflage.

Es ist auf dem Umschlag schon zum Ausdruck gebracht, welchem Zweck dieses Buch dient: Derjenige Chemiker, der später in einem chemischen Textil-Veredlungsbetrieb tätig sein wird, soll hierin eine systematische Anleitung finden zu seiner Einführung in die Färberei und in die Druckerei. Diese Art der Belehrung der ersten praktischen Tätigkeit in einer Färberei oder Druckerei vorausgehen zu lassen, wird ganz gewiß vorteilhaft sein. Nach dem Durcharbeiten des gesamten Stoffes ist der Praktikant vertraut mit den zahlreichen Gruppen von Farbstoffen und mit den wichtigsten Gebieten ihrer Anwendung.

In dieser Richtung hat bisher eine Anleitung gefehlt und in den wenigen chemisch-technischen Laboratorien der Hochschulen, wo färbereitechnische Übungen abgehalten werden, wird darin je nach der Einstellung des betreffenden Leiters mehr oder weniger der praktischen Wirklichkeit entsprechend gearbeitet. Zwar ist einmal von H. Kesseler (Ztschr. angew. Chem. 35, S. 137 [1922]) darauf hingewiesen worden, „daß es für Arbeiten, die für die Industrie von größter Bedeutung sind, nicht nötig sei, besondere Praktika in den chemisch-technischen Laboratorien einzurichten. Eine Ausnahme aber würden praktische Übungen in Spezialgebieten mit Spezialmethoden bilden, wie z. B. die Erkennung und Veredelung von Textilmaterialien, für die nach Bedarf besondere Praktika einzurichten seien". Es besteht kein Zweifel darüber, daß dieser Bedarf ein großer ist und dennoch erfolgte bisher kein Vorschlag für einen einheitlichen Lehrplan eines solchen Praktikums. Diesem Bedürfnisse hoffe ich mit der vorliegenden Arbeit abzuhelfen.

Auch in den Fachschulen ist das Bedürfnis vorhanden nach einer einheitlichen Grundausbildung in Färberei und Druckerei. Somit kann das Buch von ihnen ebenfalls als praktische Anleitung benützt werden. Vorausgehen muß natürlich ein gründlicher Unterricht in der Chemie. Aber dieser letztere ist ja auch für die Ausbildung brauchbarer Fachschulchemiker für die chemische Textil-Veredlungsindustrie erste Vorbedingung.

Bei der Auswahl des Stoffes habe ich die wichtigsten Vertreter der pflanzlichen und der tierischen Fasern — Baumwolle und Schafwolle — in den Vordergrund gestellt. Diese Fasern werden meistens leicht zu beschaffen sein, sie spielen ferner in der Färberei und in der Druckerei eine Hauptrolle, und die Methoden des Färbens, die für andere Fasern zur Anwendung kommen, sind grundsätzlich die gleichen wie jene für Baumwolle und Schafwolle. In der Druckerei habe ich geglaubt, von der Schafwoll-Druckerei absehen zu können. Aus den üblichen, nach ihrer praktischen Verwendung aufgestellten Gruppen der Farbstoffe sind jeweils hervorstechende Vertreter ausgewählt worden. Alle Übungsbeispiele fußen auf praktischer Erfahrung und sind zum großen Teil unmittelbar der Praxis entnommen.

Die Anordnung des Stoffes nimmt Bedacht auf möglichste Übersichtlichkeit. Die bei den Namen der Farbstoffe stehenden eingeklammerten Zahlen beziehen sich auf die „Farbstoff-Tabellen" von G. Schultz (Berlin 1923). Die freien Plätze unter den Namen der Farbstoffe können zu Eintragungen über die Zusammensetzung oder die Konstitution des betreffenden oder eines ähnlichen, gerade verfügbaren Farbstoffes benützt werden.

Reutlingen-Stuttgart, März 1924.

Kurt Braß.

Vorwort zur zweiten Auflage.

Die unablässigen Fortschritte der chemischen Textilveredlung, die wachsende Bedeutung der Kunstseiden und die gleichlaufenden neuen Erzeugnisse der Farbstoff-Industrie haben zu wesentlichen Ergänzungen und Erweiterungen der ersten Auflage und damit zur zweiten Auflage geführt. Selbstverständlich sind auch die gelegentlich des Erscheinens der ersten Auflage mir zugegangenen Anmerkungen der Fachgenossen in der zweiten Auflage berücksichtigt worden.

So sind die Kunstseiden (Viskoseseide, Kupferseide, Acetatseide) neu aufgenommen und neben der Unterscheidung der Kunstseiden untereinander und von Naturseide ist jetzt auch die Anwendung der in Betracht kommenden Farbstoffklassen für das Färben der Kunstseiden und die Prüfung der Echtheit der gefärbten Kunstseiden behandelt worden. Die Übungsbeispiele für das Färben der Küpenfarbstoffe sind nach der in der Praxis durchgeführten Einteilung in Indanthrenfarbstoffe und in Algolfarbstoffe für Baumwolle und Celluloseseide und in Helindonfarbstoffe für Schafwolle umgearbeitet und erweitert worden. Unter den sauer ziehenden Farbstoffen wird man neben manchen Änderungen das Indigosol, unter den Schwefelfarbstoffen die Herstellung von lagerechten Schwefelschwarzfärbungen und bei dem „Anilinschwarz" das Oxydationsschwarz neu finden. Auch das Griffigmachen gefärbter Baumwolle und Kunstseide wurde aufgenommen und ein besonderes Kapitel über die Erkennung von Färbungen eingefügt.

Vielen Dank schulde ich meinem Assistenten, dem Herrn Ing. A. Beyrodt, der sich mit großer Sachkenntnis an der Ausarbeitung der zweiten Auflage beteiligt hat.

Ich hoffe, daß die gute Aufnahme und weite Verbreitung, die die erste Auflage meines „Praktikum" gefunden hat, auch seiner zweiten Auflage beschieden sein wird.

Prag, 1. Juni 1929.

Kurt Braß.

Inhaltsübersicht.

Zwei Faktoren sind maßgebend für das Zustandekommen einer Färbung: die Faser und der Farbstoff. Daher sollen zunächst die wesentlichen Begriffe über die Gespinstfasern und über die Farbstoffe erörtert werden.

Die Gespinstfasern.

Begriffsbestimmung. Unter Gespinstfasern versteht man diejenigen von der Natur erzeugten oder künstlich hergestellten Gebilde, welche vermöge ihrer physikalischen Eigenschaften (gestreckte, mehr oder weniger cylindrische Form, Biegsamkeit, Zugfestigkeit) geeignet sind, zu Fäden zusammengedreht (versponnen) und als solche zu Geweben verarbeitet zu werden.

Einteilung (Namhaftmachung der wichtigsten Fasern).

I. Pflanzenfasern (vegetabilische Fasern).
   A. Samenhaare: Baumwolle.
   B. Bastfasern: Flachs, Hanf, Nessel, Ginster, Rohrkolbenschilf, Torffaser, Jute u. a.
   C. Holzzellstoff: Xylolin (Papiergarn), Zellulon, Textilose u. a.

II. Tierische Fasern (animalische Fasern).
   A. Haare: Schafwolle.
   B. Seiden: Echte Seide.

III. Künstliche Fasern.
   Kunstseiden.

VI. Mineralische Fasern.
   Asbest.

Für die Versuche werden nur einige besonders charakteristische Vertreter der ersten drei Gruppen herangezogen. Von den pflanzlichen Fasern die Baumwolle, von den tierischen die Schafwolle und die Seide und von den künstlichen die Viskoseseide, die Kupferseide und die Acetatseide.

Kurze Beschreibung.

Baumwolle. Sie ist das Samenhaar verschiedener fremdländischer Baumwollstauden (Gossypium-Arten), die vornehmlich in

Amerika, Indien und Ägypten gedeihen. Aus den Samenkapseln der Baumwollstauden quellen beim Reifen die weißen Samenhaare hervor, welche in diesem Zeitpunkt durch Abpflücken der Kapseln geerntet werden. Samenhaare sind haarförmige einzellige Gebilde, welche den Samen bestimmter Pflanzen fest anhaften und als Flugvorrichtung, also der Vermehrung und Ausbreitung jener Pflanzen dienen. (Unterschied von den Bastfasern, die aus ganzen Bündeln untereinander verwachsener Zellen, den sogenannten Bastzellen bestehen.)

Wolle. Die Haarbekleidung des Schafes, das Vlies, dient zum Schutze der Haut. Die Haare bestehen aus Hornzellen und werden aus der Hornhaut heraus gebildet. An der Spitze der Wollzucht steht Australien, aber auch aus Südamerika und Afrika muß Deutschland Wolle einführen, weil das Inland den gesamten Wollbedarf leider noch immer nicht zu decken imstande ist.

Seide. Die Seiden sind das erhärtete Sekret der Seidenraupen und bilden strukturlose Fäden. Die echte Seide stammt vom Maulbeerspinner (Bombyx mori), einer Raupe, die bei der Verpuppung einen rasch erstarrenden Saft auspreßt und sich damit einspinnt. Die so entstandenen Hüllen, die „Kokons", sind das Rohmaterial zur Gewinnung der Seide. Mehr als die Hälfte aller Rohseide liefern China und Japan, die übrige Seide kommt hauptsächlich aus Italien und Südfrankreich.

Kunstseiden. Die wichtigsten Vertreter sind: Kupferseide, Viskoseseide (Celluloseseiden[1]) und die Acetatseide (Esterseide). Zur Herstellung der Kupferseide dispergiert man Cellulose in wässeriger Kupferoxydammoniak-Lösung und fällt daraus die Cellulose wieder, mit welchem Vorgang zugleich der Spinnprozeß verbunden wird. Viskoseseide wird so gewonnen, daß man Cellulose in ihren Xanthogensäureester umwandelt, diesen in Wasser dispergiert und aus der so erhaltenen Lösung ihres Esters die Cellulose regeneriert. Auch hier ist mit der Fällung der Spinnprozeß unmittelbar verbunden. Die Acetatseide dagegen wird erhalten, indem man Cellulose acetyliert, das erhaltene Produkt in Lösung bringt und aus dieser die Acetylcellulose fadenförmig regeneriert.

Unterschiedliche Zusammensetzung.

Von den vier Gruppen von Fasern sind die beiden ersten in bezug auf Spinnbarkeit und Haltbarkeit, auf Anfärbevermögen

---

[1] Für Viskoseseide und für Kupferseide wird im nachfolgenden die Bezeichnung „Celluloseseide" eingeführt. Zu den Celluloseseiden gehört auch die über die Cellulosenitrate gewonnene Chardonnetseide.

und Verwendbarkeit so außerordentlich vor allen andern ausgezeichnet, daß sie entschieden als die wichtigsten zu gelten haben. Aber zwischen diesen beiden, also zwischen pflanzlichen und tierischen Fasern bestehen scharfe Unterschiede.

Pflanzliche: Hauptbestandteil Cellulose, die aus Kohlenstoff, Wasserstoff und Sauerstoff besteht.

Tierische: Grundsubstanz Eiweißkörper von ausgesprochenem chemischen Charakter; Aminosäuren (amphotere Natur).

Aufbauende Bestandteile der Seiden (Fibroin, Sericin): Kohlenstoff, Wasserstoff, Sauerstoff und Stickstoff.

Aufbauende Bestandteile der Wollen und Haare (Keratin): Kohlenstoff, Wasserstoff, Sauerstoff, Schwefel und Stickstoff.

Künstliche: Kupferseide und Viskoseseide sind umgefällte Cellulose, während Acetatseide ein (nicht einheitlicher) Essigsäureester der Cellulose ist.

Einfache Unterscheidungsmerkmale.

Verhalten beim Verbrennen.

Pflanzliche Fasern verbrennen leicht und rasch fast ohne Verkohlung zu einer weißen Asche. Die säuerlich riechenden Verbrennungsdämpfe röten feuchtes Lackmuspapier.

Tierische Fasern blähen sich auf, entwickeln einen widerlichen Geruch (Ammoniak, Pyridinbasen) und hinterlassen umfangreiche, kohlige Rückstände, die den Charakter von Schmelzen haben und sich nur schwer vollkommen veraschen lassen. Die Verbrennungsdämpfe röten feuchtes Curcumapapier.

Von den künstlichen Fasern verbrennen Viskose und Kupferseide unter den gleichen Erscheinungen wie Baumwolle, aber viel rascher. Acetatseide bildet beim Anbrennen bläschenartige Verdickungen (Tropfenbildung) und verbreitet einen typischen Geruch.

Einwirkung von Ätzalkalien.

Pflanzliche Fasern werden selbst beim Erwärmen mit konzentrierten Alkalien chemisch kaum verändert. Physikalische Änderungen, wie Quellung, Merzerisation treten ein.

Tierische Fasern lösen sich schon beim Kochen mit nur mäßig starken Laugen in kurzer Zeit vollständig auf. Entwicklung von Ammoniak, Bildung von Fettsäuren und Aminosäuren (Leucin, Tyrosin).

Kunstseiden sind in Alkali löslich und zeigen in 10%iger Natronlauge ein Maximum von Löslichkeit. Dabei wird von Viskose mehr gelöst wie von Kupferseide.

Einwirkung von Säuren.

Pflanzliche Fasern werden durch konzentrierte Schwefelsäure rasch zerstört und sind auch gegen verdünnte Säuren sehr empfindlich. Bildung von Hydrocellulose, Cellulosedextrin, Cellobiose und Glucose. Verdünnte Salpetersäure färbt sie nicht.

Tierische Fasern werden von konzentrierter Schwefelsäure wenig angegriffen. Kochende verdünnte Salpetersäure färbt Wolle gelb (Xanthoproteinsäure).

Kunstseiden sind gegen Säuren noch viel empfindlicher als Baumwolle. Mit konz. Schwefelsäure übergossen wird Kupferseide gelblich, Viskoseseide rötlichbraun.

Rosanilin-Probe.

Eine heiße ammoniakalische Rosanilinlösung läßt man einige Sekunden auf die Faser einwirken und spült dann bis zum Verschwinden der alkalischen Reaktion. Hierbei färbt sich die tierische Faser rot, pflanzliche Fasern bleiben farblos. Die farblose Rosanilinlösung wird erhalten, indem man zu einer Lösung von 0,1 g Rosanilin in 400 ccm Wasser Ammoniak bis zur Entfärbung zusetzt und dann filtriert.

Typische Reaktionen der tierischen Faser.

Aminosäure-Probe. 0,5 g Natriumnitrit in 10 ccm Wasser lösen, mit einigen Tropfen Salzsäure versetzen, die Wolle hinzugeben, 2 Min. kochen. Wird die so vorbehandelte Wolle in eine erwärmte alkalische β-Naphthollösung gebracht, so wird die Wolle dunkelbraun, Seide dunkelrot.

Nachweis des Schwefels. Eine alkalische Bleisalzlösung (Natriumplumbat) gibt mit einer alkalischen Lösung von Wolle infolge des Schwefelgehaltes der Wolle eine braune bis schwarze Färbung; Seide gibt hierbei keine Farbenreaktion.

Alkalische Wollösung gibt mit Nitroprussid-Natrium Violettfärbung, Seide nicht.

Typische Reaktionen der Kunstseiden.

a) Pikrokarmin-Probe. 4 g Natriumammoniumphosphat, 1 g Soda und 25 ccm Wasser werden mit einer Lösung von 5 g Pikrokarmin (E. Merck, Darmstadt) in 75 ccm Wasser erwärmt. In der erkalteten Lösung wird die betreffende Faser 10—20 Min. umgezogen und dann gut ausgewaschen. Es färben sich hierbei Viskoseseide hellrosa, Kupferseide rosa und Acetatseide grüngelb.

b) Viskoseseide wird durch 1%ige ammoniakalische Silbernitratlösung in der Wärme braun, während Kupferseide unverändert bleibt.

c) Eine wässerige Hydrochinonlösung wird in zwei Reagenzgläser verteilt, von denen eines Kupferseide, das andere Viskoseseide enthält. Nach längerem Stehen sind beide Lösungen dunkel geworden, jene mit der Kupferseide ist dunkler und enthält einen feinen krystallinischen Niederschlag.

d) Sichere Erkennungsmerkmale der Kupferseide sind ihr opalartiger Fischschuppenglanz und das in ihrer Asche stets nachweisbare Kupfer.

e) Acetatseide ist an ihrer Löslichkeit in organischen Lösungsmitteln (Aceton, Tetrachloräthan[1], Gemische von Alkohol mit Benzol, Dichloräthylen u. a.) leicht von anderen Faserstoffen zu unterscheiden.

f) Beim Färben mit Naphthylamin 4 B (siehe S. 19) im neutralen, heißen Bade wird Kupferseide dunkelblau, Viskoseseide meist heller und rötlichblau.

g) Man behandelt 5 Min. bei gewöhnlicher Temperatur mit einer Lösung von 15 ccm Pelikantinte Nr. 4001, 20 ccm 0,5%iger Eosinlösung und 65 ccm Wasser, spült und trocknet. Viskoseseide wird rotblau, Kupferseide rein blau.

Unterscheidung von Naturseide und Kunstseide.

a) Anfärben mit p-Nitralinrot.

b) Bei der Pikrokarmin-Probe wird Rohseide braunrot, entbastete Seide (ebenso wie Wolle) gelb.

c) Durch ultraviolette Strahlen mit Hilfe der Analysenquarzlampe.

Mikroskopische Prüfung.

Infolge der mit ihrer verschiedenen Herkunft eng verknüpften Verschiedenheit ihrer Struktur gibt das mikroskopische Bild einer Faser in den meisten Fällen befriedigenden Aufschluß über ihr Wesen. Jedenfalls ist das Mikroskop ein unentbehrliches Hilfsmittel des Textilchemikers und wird in zweifelhaften Fällen stets den richtigen Aufschluß geben.

Die Beobachtung des charakteristischen Verlaufes der Einwirkung von konzentrierter Kupferoxydammoniak-Lösung auf Baumwolle unter dem Mikroskop gehört zu den besonders charakteristischen Erkennungsreaktionen.

Zur Unterscheidung der verschiedenen Kunstseiden wird oft die Herstellung von Querschnitten, bzw. der Vergleich der mikroskopischen Querschnittsbilder, mit Vorteil herangezogen.

---

[1] Giftig.

Die Farbstoffe.

Farbstoffe sind farbige Körper, welche die Eigenschaft besitzen, unter Anwendung bestimmter Verfahren die Gespinnstfasern zu färben. Von den organischen Verbindungen ist bei weitem der größte Teil farblos. Nach der im Jahre 1876 von Otto N. Witt aufgestellten und später von Hugo Kauffmann ausgestalteten Theorie können sie erst farbig werden durch die Anwesenheit einer gewissen Atomgruppe, der farbgebenden Gruppe (Chromophor). Diese nun den Chromophor enthaltenden, mehr oder weniger farbigen Körper heißen Chromogene. Letztere werden erst durch den Eintritt von auxochromen Gruppen bzw. salzbildenden Gruppen zu wirklichen Farbstoffen.

Chromophore Gruppen: Äthylen-, Nitro-, Keto-, Azogruppe u. a.

Chromogene: Gewisse farbige Kohlenwasserstoffe, manche Nitrokörper, Chinone, Azoverbindungen u. a.

Auxochrome Gruppen, vor allem, wenn sie am Benzolkern des Chromogens sitzen, vertiefen die Farbe (bathochrome Wirkung), in Seitenketten eintretende hellen die Farbe auf (hypsochrome Wirkung). Die wichtigsten Auxochrome (Aminogruppe, Hydroxylgruppe) vermögen die Chromogene in Farbstoffe zu verwandeln. Außerdem sind Hydroxylgruppen in ganz bestimmter Stellung innerhalb des Moleküls gewisser Chromogene ein kennzeichnendes Merkmal der Konstitution der Beizenfarbstoffe.

Salzbildende Gruppen. Die Sulfo- und die Carboxylgruppe verleihen den auxochromhaltigen Chromogenen saure Eigenschaften, es entstehen also saure Farbstoffe. Die Sulfogruppe bringt außerdem Löslichkeit mit sich und hellt vielfach die Farbe auf (hypsochrome Wirkung). Die Carboxylgruppe vermittelt, wenn sie an bestimmten Stellen des Moleküls gewisser auxochromhaltiger Chromogene steht, das Vermögen der so entstandenen Farbstoffe auf Beizen zu färben; sie erhöht die Echtheit der mit solchen Farbstoffen erzielten Färbungen, während der Farbton meist unverändert bleibt.

Einteilung der Farbstoffe
in bezug auf ihre praktische Verwendung in Färberei und Druckerei.

1. Sauer ziehende Farbstoffe (auch „Säurefarbstoffe" genannt).

Es sind meist Sulfosäuren, aber auch Carbonsäuren und Phenole, welche als Natrium-, Ammonium- und Calciumsalze in den Handel kommen. Die Konstitution der Farbstoffsäure bestimmt nicht nur ihre Farbe, sondern sie ist auch maßgebend für ihre praktische Verwendung, die im engen Zusammenhang mit dem Vorhandensein der sauren Gruppen steht.

Sie besitzen eine ausgesprochene Verwandtschaft zur tierischen Faser, die sich ihnen gegenüber als Base äußert und zwar derart, daß die gleiche Menge Faser maximal stets äquivalente Mengen Säuren bindet. Dabei ist es gleichgültig, ob es sich um Essigsäure, Salzsäure u. ä. Säuren, oder um eine Farbstoffsäure handelt. Für die Pflanzenfasern und Kunstseiden kommen sie kaum in Betracht. Auf die tierische Faser werden sie gefärbt, indem eine Säure oder ein saures Salz dem Färbebade zugefügt wird.

Hierher gehören:

Nitrofarbstoffe	(Beispiel:	Naphtholgelb)
Azofarbstoffe	(,,	Ponceau)
Pyrazolonfarbstoffe	(,,	Tartrazin)
Triphenylmethanfarbstoffe	(,,	Patentblau)
Phthaleine	(,,	Eosin)
Anthrachinonfarbstoffe	(,,	Anthrachinongrün).

2. Basische Farbstoffe.

Es sind hochmolekulare, organische Basen (Farbstoffbasen), welche zumeist als salzsaure, essigsaure oder oxalsaure Salze oder Chlorzink-Doppelsalze in den Handel gebracht werden. Die Farbe ist abhängig von der Konstitution der Farbstoffbase, die färberische Verwendung steht auch bei ihnen im engen Zusammenhang mit ihrem chemischen Charakter und ist bedingt durch die Gegenwart von basischen Gruppen (Aminogruppe, Alkylamino- und Arylaminogruppen, Azingruppe), die allerdings auch in sauren Farbstoffen vorhanden sein können.

Sie besitzen die Fähigkeit, die tierische Faser ohne jede Vorbehandlung und ohne jeden Zusatz zum Färbebad anzufärben. Gemäß ihrem amphoteren Charakter (Aminosäuren) scheinen die tierischen Fasern hier die Rolle einer Säure zu spielen. Sie entziehen dem in der Lösung hydrolysierten Salz die Farbstoffbase und bilden mit ihr wahrscheinlich Salze.

Pflanzliche Fasern und Celluloseseiden werden nur nach Vorbehandlung mit Gerbsäuren (Tannin) und Metallsalzen (insbesondere Antimonsalze) angefärbt. Acetatseide fixiert wohl basische Farbstoffe unmittelbar, aber nur an ihrer Oberfläche (Adsorption) und in geringer Menge. Größere Mengen von basischen Farbstoffen kann man der Acetatseide nur einverleiben, wenn man sie einer Vorbehandlung, z. B. mit der „Beize für Acetatseide", unterzogen hat. Wahrscheinlich wird dann ein Salz aus Beize und Farbstoff von der Acetatseide gelöst und nebenher erfolgt auch noch Adsorption des Farbstoffes an der Faseroberfläche.

Hierher gehören:

Azofarbstoffe (Beispiel: Chrysoidin)
Di- und Triphenylmethanfarbstoffe (Beispiel: Auramin, Fuchsin)
Phthaleine   (Beispiel: Rhodamin)
Oxazine   („   Meldolas Blau)
Thiazine   („   Methylenblau)
Azine   („   Safranin).

3. Direkt ziehende Farbstoffe
(auch substantive Farbstoffe oder „Salzfarben" genannt).

Es sind meist Natronsalze von Sulfo- und Karbonsäuren von Azoverbindungen, welche als solche von den Fasern aufgenommen werden. Sie sind also ebenso aufgebaut wie die sauren Farbstoffe. Wesentlich ist ihre Abstammung von bestimmten p-Diaminen (wie Benzidin, Tolidin, Äthoxybenzidin, p-Phenylendiamin, 1,5-Naphthylendiamin usw.); die meisten von ihnen sind Tetrazo- und Polyazofarbstoffe.

Als Beispiele seien angeführt: Congo, Benzopurpurin u. a.

Zu dieser Gruppe gehören aber auch Farbstoffe, die sich nicht auf das Benzidin zurückführen lassen.

Beispiele: Chrysophenin, Primulin.

Ihre färberische Verwendung beruht auf ihrer Eigenschaft, die pflanzliche Faser und die Kunstseiden (mit Ausnahme der Acetatseide) anzufärben, was besonders gut unter Zusatz von Neutralsalzen und alkalischen Salzen (Kochsalz, Glaubersalz, Soda) vor sich geht. Dieser Zusatz von Elektrolyten beeinflußt den Dispersitätsgrad des kolloid gelösten Farbstoffes in einem, dem Zustandekommen der Färbung günstigen Sinne. Der Färbevorgang ist vermutlich ein rein physikalischer und läßt sich als Adsorption der kolloiden Farbstoffe durch die Faser erklären. Zusammenhänge zwischen ihrem färberischen Verhalten der Cellulose gegenüber und ihrer chemischen Konstitution sind noch nicht aufgedeckt worden.

4. Schwefelfarbstoffe

nennt man diejenigen Farbstoffe, die durch Schmelzen von Phenolen und Aminen, insbesondere von Diphenylaminderivaten mit Schwefel und Schwefelnatrium erhalten werden. Die allerersten von E. Croissant und L. Bretonnière i. J. 1873 aus Sägemehl, Kleie usw. in der Schmelze mit Schwefelnatrium dargestellten Schwefelfarbstoffe führten den Namen Cachou de Laval, während Raymond Vidal sein i. J. 1893 erzeugtes Schwefelschwarz Vidalschwarz nannte. Das Immedialschwarz der Leopold Cassella & Co. G. m. b. H., Frankfurt a. M., war der erste wirklich schöne und brauchbare schwarze Schwefelfarbstoff, der im Großen hergestellt und angewendet wurde. Nachdem nämlich R. Vidal festgestellt hatte, daß bei der Schwefelschmelze stickstoffhaltiger Benzolderivate, der allgemeinen Darstellungsweise von Schwefelfarbstoffen überhaupt, Diphenylaminderivate gebildet werden, lag es nahe, Diphenylaminderivate selbst der Schwefelschmelze zu unterwerfen. Dabei führte Dinitro-oxy-diphenylamin zu dem erwähnten Immedialschwarz, während man bei Anwendung von Indophenolen die ersten blauen Schwefelfarbstoffe (Immedialreinblau) gewann. Heute nennen die verschiedenen Farbenfabriken ihre Schwefelfarbstoffe Immedial-, Katigen-, Kryogen-, Thiogen-, Sulfogen-, Thion-, Eklips-, Pyrogenfarbstoffe usw.

Die Schwefelfarbstoffe sind der pflanzlichen Faser und den Kunstseiden (mit Ausnahme der Acetatseide) gegenüber substantive Farbstoffe, sie färben dieselbe direkt an in einem mit Schwefelnatrium, alkalischen und neutralen Salzen versetztem Bade. Das Schwefelnatrium dient jedoch nicht allein als Lösungs-, sondern auch als Reduktionsmittel; die Befestigung des Farbstoffes auf der Faser findet meistens erst nach erfolgter Aufnahme des reduzierten Farbstoffes durch Oxydation statt. So stehen die Schwefelfarbstoffe zwischen den direkt ziehenden Farbstoffen und den Küpenfarbstoffen und bilden den Übergang von den ersteren zu den letzteren. Der Färbevorgang ist hier noch gänzlich unerforscht, dürfte aber mit dem Vorgang beim Zustandekommen der Färbungen der Küpenfarbstoffe verwandt sein.

5. Küpenfarbstoffe.

Sie sind gekennzeichnet durch Ketogruppen und durch hydrierbare ungesättigte Bindungen. Der älteste Vertreter ist der Indigo. Ferner sind zu nennen Thioindigo und alle indigoiden Farbstoffe sowie die Abkömmlinge des Anthrachinons und des Karbazols. Ihre Handelsnamen sind: Indanthren-, Algol-, Helindon-, Ostan-, Tinon-, Thioindigo-, Ciba-, Cibanon- und Hydronfarbstoffe.

Sie sind in Wasser unlöslich und werden durch alkalische Reduktion in lösliche Hydro- oder Leukoverbindungen überführt (verküpt). Diese Leukoverbindungen werden aus ihren Lösungen (Küpen) sowohl durch pflanzliche Fasern und Celluloseseiden als auch durch die tierische Faser aufgenommen und hierauf durch Oxydation an der Luft in den unlöslichen Farbstoff zurückverwandelt. Das Zustandekommen der Färbung wird (bei den aus Cellulose bestehenden Fasern) durch eine Lösungsverteilung des Leukofarbstoffes in der Faser eingeleitet.

Während für alle Küpenfarbstoffe Natriumhydrosulfit oder Formaldehydnatriumsulfoxylat als Reduktionsmittel zur Anwendung kommen, macht Indigo hierin eine Ausnahme. Er allein wird außer durch die zwei genannten Reduktionsmittel auch mit Hilfe von Schwermetallsalzen (z. B. Eisenvitriol) oder von bestimmten organischen Substanzen (z. B. Glucose) verküpt.

6. Beizenfarbstoffe.

Sie haben sauren Charakter und enthalten freie Hydroxyl- bzw. Carboxylgruppen. In erster Linie sind es Anthrachinonabkömmlinge (Beispiel: Alizarin) und die Farbstoffe der Farbhölzer.

Sie können nur mit Hilfe von Beizen (Metalloxyden) auf tierischen oder pflanzlichen Fasern festgehalten werden und vereinigen sich mit den auf der Faser niedergeschlagenen Metalloxyden zu Farblacken bzw. inneren Komplexsalzen, welche in ihrer Färbung verschieden sind von dem ursprünglichen Farbstoff. Diese Fähigkeit hängt namentlich ab von der relativen Stellung der einzelnen Substituenten innerhalb des Moleküls.

7. Entwicklungsfarben.

Hierher gehören unlösliche Farbstoffe der verschiedensten chemischen Untergruppen, die aus den zu ihrer Bildung nötigen Komponenten auf den pflanzlichen Fasern und den Kunstseiden selbst erzeugt werden.

Beispiele: Anilinschwarz, Eisrot, Naphtholrot u. a.

Das Zustandekommen einer Färbung.
(Theorie des Färbevorgangs.)

Das Färben der verschiedenen Arten von Spinnfasern läßt sich nicht in den engen Rahmen nur einer Theorie fassen. Es müssen einerseits berücksichtigt werden die ausgesprochenen chemischen Eigenschaften der Fasern (insbesondere der tierischen Fasern) und der Farbstoffe, und andererseits zahlreiche physikalische Gesichtspunkte: äußere Form der Fasern und ihr kolloider Charakter, der kolloide Zustand der Lösungen vieler Farbstoffe und die damit zusammenhängenden Oberflächenwirkungen, z. B. Adsorption, die Verteilung des Farbstoffes zwischen Flotte und Faser wie zwischen zwei Lösungsmitteln u. a. m. Beim Färben der tierischen Fasern überwiegen chemische Vorgänge, beim Färben der pflanzlichen Faser handelt es sich mehr um physikalische Erscheinungen. Der heutige Forschungsstand faßt die Färbevorgänge als ein Zusammenwirken beider Erscheinungsgruppen auf, so daß nun jede der älteren hypothetischen Anschauungen wieder zu Recht bestehen kann.

Der Vollständigkeit halber seien diese älteren Theorien erwähnt, welche die Vorgänge des Färbens betreffen. Die mechanische Theorie nahm eine Adsorption des Farbstoffes durch die Fasern an. Die Lösungstheorie von Otto N. Witt betrachtet das gefärbte Gut (z. B. einen gefärbten Baumwollstrang) als starre Auflösung des Farbstoffes in der Faser. (Beispiel: Bringt man ein Seidensträngchen in eine nicht zu konzentrierte Fuchsinlösung, so geht das Fuchsin in die Seide, das Wasser wird sozusagen farblos.) Für direkt ziehende Farbstoffe hat diese Theorie etwas Bestechendes. Die chemische Theorie nahm an, daß zwischen Faser und Farbstoff eine wirkliche chemische Bindung stattfindet. Sie wird besonders durch die Färbeerscheinungen bei Wolle und Seide gestützt. (Beispiel: Rotfärbung von Wolle in farbloser ammoniakalischer Lösung von freier Rosanilinbase, siehe Rosanilinprobe S. 4.)

Färberei.

Vorbereitung der Proben.

Vor dem Färben müssen die als Garn (Stranggarn, Kops, Kreuzspule), als Gewebe (Stücke) oder im losen Zustand (Kammzug, Kardenband, Schafwolle oder Rohbaumwolle) vorliegenden Fasern gut genetzt werden, damit die auszuführende Färbung vollkommen gleichmäßig und fleckenlos ausfalle. („Egale" Färbung im unerwünschten Gegensatz zur „unegalen".)

Dieses wird bei tierischen Fasern (Wolle, Seide) erreicht, indem man die Proben in lauwarmem mit etwas Soda, Seife oder Ammoniak versetztem Wasser gut durchquetscht, abwindet, abermals naß macht und dies einige Male wiederholt. Pflanzliche Fasern (Baumwolle) müssen vor dem Färben in mit Soda oder Natronlauge alkalisch gemachtem Wasser, dem man etwas Türkischrotöl oder ein ähnliches die Oberflächenspannung erniedrigendes Mittel zusetzt, abgekocht und hierauf gut gewaschen werden. Halbwolle netzt man am besten mit verdünnter Sodalösung oder in schwach ammoniakalischem Wasser. Kunstseiden werden in lauwarmem, mit wenig Türkischrotöl versetztem Wasser genetzt.

Bereitung der Lösungen.

Die Färbungen werden auf 5—20 g Garn (oder Stoff oder loser Faser) ausgeführt. Dazu benötigt man nur geringe Mengen der Farbstoffe. Soll z. B. eine 1%ige Rhodaminfärbung auf 5 g Wolle gemacht werden, so heißt das, die für diese Färbung anzuwendende Rhodaminmenge soll 1% vom Gewicht (5 g) der zu färbenden Wolle betragen, d. i. also 0,05 g. Auch die benötigten Gewichtsmengen aller übrigen Zusätze werden in den Färbevorschriften stets in Prozenten des zu färbenden Materials ausgedrückt.

Um nun so kleine Mengen der Farbstoffe (im angeführten Beispiel 0,05 g Rhodamin), welche bei schwächeren Färbungen natürlich noch geringer werden, nicht abwiegen zu müssen, stellt man sich zweckmäßig Lösungen von bekanntem Gehalt her. Man löst z. B. 1 g Rhodamin in Wasser und füllt auf 500 ccm auf; 0,05 g sind dann in 25 ccm dieser Lösung enthalten.

Ebenso verhält es sich mit der Anwendung der beim Beizen und Färben benötigten Säuren, Basen und Salze und aller sonstigen Zusätze. Immer erweist es sich in der Kleinfärberei vorteilhafter, mit Lösungen zu arbeiten als mit der Wage.

Das Auflösen der Farbstoffe geschieht am besten derart, daß man sie in einer Porzellanschale mit wenig heißem Wasser anteigt und dann unter Umrühren und durch Übergießen mit mehr heißem Wasser, Absetzenlassen, Abgießen des Gelösten in eine Meßflasche und Wiederholung dieser Verrichtung allmählich in Lösung bringt. In der Meßflasche wird dann mit kaltem Wasser auf das gewünschte Volumen aufgefüllt. Oft ist ein längeres Aufkochen in der Porzellanschale, bei manchen Farbstoffen (den basischen) ein Zusatz von Essigsäure, bei anderen (den Schwefelfarbstoffen) ein Zusatz von Schwefelnatrium erforderlich, um Lösungen zu erzielen.

Flottenmenge.

Das Volumen des Färbebades oder der Färbeflotte (kurz „Flotte" genannt) kann in keinem starren, ein für allemal gültigen Verhältnis ausgedrückt werden. Stets jedoch wird im gegebenen Fall auf die betreffende Färbemethode, auf die vorliegende Faser, auf die Stärke der Färbung, auf die Eigenschaften des Farbstoffes und auf seinen Dispersitätsgrad in der Lösung Rücksicht genommen und danach die Flottenmenge bemessen werden müssen. Je nachdem die Flottenmenge im Verhältnis zum Fasergewicht groß oder klein ist, spricht man von „langer" oder „kurzer Flotte". Durchschnittlich wird beim Färben der Baumwolle sowie der Kunstseiden die 20—30fache Flottenmenge (d. h. auf 10 g Material 200—300 ccm Flotte), beim Färben der Schafwolle die 40—50fache Flottenmenge angewendet. In diesen Flottenmengen sind natürlich die angewandten Mengen der Lösungen des Farbstoffes und der Zusätze inbegriffen. Man tut daher gut, die letzteren zuerst in das Färbegefäß einzufüllen und dann erst so viel Wasser zuzugeben, bis die jeweils erforderliche Flottenmenge erreicht ist.

Das Wasser
soll im allgemeinen möglichst kalkfrei sein, am besten verwendet man sowohl für die Bereitung der Lösungen als auch zum Färben destilliertes Wasser oder Kondenswasser. Wo nur hartes Wasser zur Verfügung steht, muß dem Färbebad Essigsäure oder Ammoniumoxalat zugesetzt werden. Beim Färben mit gewissen Farbstoffen ist dagegen ein bestimmter Kalkgehalt des Wassers notwendig und daher erwünscht. So z. B. beim Färben mit Alizarin (Türkischrot).

Färbegefäße und Erhitzungsbäder.

Zur Ausführung von Versuchsfärbungen können Gefäße von
500—1500 ccm Inhalt aus Glas (Becherglas), aus emailliertem
Eisenblech, aus Aluminium, aus Kupfer oder aus Porzellan benutzt werden. Starke, 15—20 cm lange Glasstäbe, die an beiden
Enden rund geschmolzen sind, oder Holzstäbe ähnlicher Maße
dienen zum „Umziehen" der Garnprobe oder zum Bewegen der
Stoffabschnitte. Das Erhitzen der Gefäße geschieht so wie im
chemischen Laboratorium üblich, auf dem eisernen Dreifuß mit
Asbestdrahtnetz mit Hilfe einer Gasflamme. Jedoch wird man
in solcher Weise nur selten und nur dort, wo nichts anderes zur
Verfügung steht, Übungsfärbungen ausführen. Diese Art des Erhitzens ist viel zu ungleichmäßig und durch auftretende Über-
hitzung können Färbungen und Faser leicht Schaden nehmen.

Es ist zweckmäßiger, die Färbegefäße in Glycerin oder in
konzentrierte, wässerige Salzlösungen (Kochsalz, Chlorcalcium,

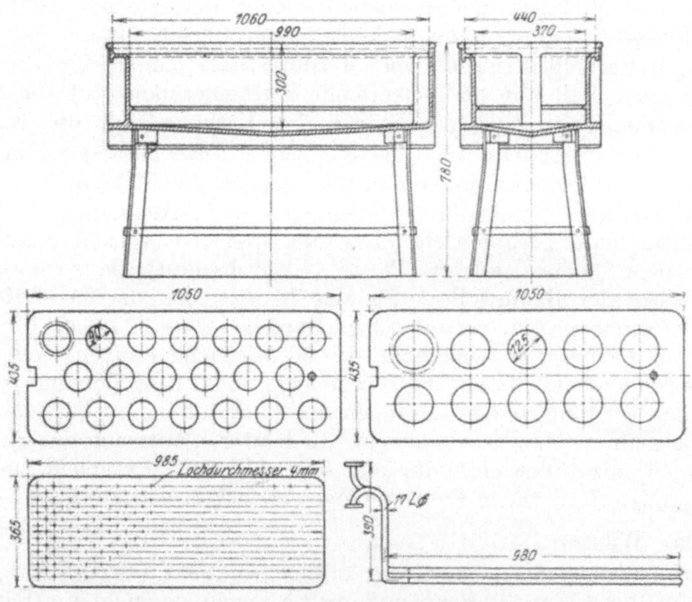

Abb. 1.

Salpeter usw.) einzustellen oder einzuhängen und diese auf Gasflammen zu erwärmen. Dabei hat man die Gewähr des gleichmäßigen Erhitzens der Färbeflotte und die Möglichkeit der jeder-

zeitigen einwandfreien Feststellung ihrer Temperatur. Die Salz-
bäder müssen genügend konzentriert sein, um dort, wo es die
Vorschrift verlangt, die Färbeflotte bis zum Sieden zu bringen.
Für ein Erhitzungsbad mit 80 Liter Inhalt benötigt man 25 kg
Natronsalpeter (der sich für diesen Zweck am besten eignet),
um den Siedepunkt des Wassers nur um 2^0 zu erhöhen.

Wo regelmäßig Färbeversuche gemacht werden, ist es jedoch
sehr empfehlenswert, größere mit Dampf geheizte Erhitzungs-
bäder zu benutzen, wie sie in den Versuchsfärbereien der Farbenfabriken allgemein gebraucht werden. Es sind dies gußeiserne,
20—30 cm tiefe, etwa 1,1 m lange und 45 cm breite Wannen,
die auf 40—50 cm hohen Holz- oder Eisenfüßen stehen, so daß
die Arbeitshöhe etwa 80 cm beträgt. Sie dienen zur Aufnahme der
konzentrierten Salzlösung und sollen zwecks Reinigung mit einem
im Boden sitzenden Abflußhahn versehen sein. Auf ihrem Boden
liegt die kupferne Dampfheizschlange. Bedeckt sind sie mit einem
Kupferblech, welches ein Thermometerloch und 10—20 kreis-
runde Öffnungen besitzt, deren Durchmesser sich nach der Größe
der angewandten Färbegefäße richtet (Abb. 1). Solche Er-
hitzungsbäder werden in bester Ausführung von der Keilmann
& Völcker G. m. b. H., Bernburg a. S., ähnliche von
W. Dieck, Aussig a. E., hergestellt.

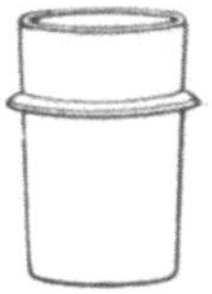

Die Färbegefäße werden am vorteilhaftesten aus
Porzellan gewählt, denn Porzellanbecher sind sauber
und dauerhaft. Sie tragen außen in ⅔ ihrer Höhe einen
vorspringenden Ring, mit welchem sie in der durch-
lochten Deckelplatte des Erhitzungsbades aufsitzen

Abb. 2.

(Abb. 2). Diese Kochbecher werden z. B. von der Aktiengesellschaft Porzellanfabrik Weiden, Gebrüder Bauscher,
Weiden (Bayern), angefertigt.

Allgemeine Färbemethoden und Übungsbeispiele.

(Anwendung der sieben Gruppen von Farbstoffen beim Färben
der Baumwolle, der Kunstseiden und der Schafwolle.)

1. Sauer ziehende Farbstoffe.

Ihr Hauptanwendungsgebiet ist die Schafwolle.

Für gut egalisierende Farbstoffe, das sind solche Farbstoffe, die in Wasser und verdünnten Säuren leicht löslich sind,
kommen folgende Zusätze in Betracht:

$$10—20\% \text{ Glaubersalz kryst.}$$
$$2—5\% \text{ Schwefelsäure.}$$

An Stelle von Glaubersalz und Schwefelsäure kann auch die
entsprechende Menge (8—10%) Natriumbisulfat („Weinsteinpräparat") angewendet werden. Selbst bei gut egalisierenden
Farbstoffen aber empfiehlt es sich, mit 1—3% Essigsäure
(30%ig) „anzufärben" (d. h. die Färbung zu beginnen). Nach
Zusatz der Farbstofflösung wird das Bad auf 60—80° oder
bis zum Kochen erhitzt, 1 Std. gefärbt, darauf gespült und getrocknet.

Gebrauchte („erschöpfte") Färbebäder können vorteilhaft weiter verwendet werden, da man erfahrungsgemäß in solchen
alten, einen stärkeren Gehalt an Glaubersalz aufweisenden Bädern gleichmäßige (egale) Färbungen leichter erzielt als in frischen
Bädern.

Mit den in den letzten Jahren in den Handel gebrachten,
sehr gut egalisierenden „Supraminfarbstoffen", „Palatinecht-
farbstoffen" (I. G. Farbenindustrie Aktiengesellschaft) und
„Eriofarbstoffen" (J. R. Geigy A.G., Basel) erzielt man ohne
jede Nachbehandlung Färbungen von sehr guter Echtheit.

Für weniger gut egalisierende Farbstoffe, das sind
Farbstoffe, welche bei Zusatz von viel Schwefelsäure und raschem
Kochen schnell und ungleichmäßig (unegal) aufziehen, muß
man mit dem Zusatz von Schwefelsäure und mit dem Erhitzen
sehr vorsichtig sein: man nimmt also mehr Glaubersalz und
weniger Schwefelsäure oder man ersetzt die Hauptmenge der
Schwefelsäure durch Essigsäure oder Ameisensäure. Schwefel-

säure wird erst am Schluß zugesetzt, falls das Färbebad nicht erschöpft sein sollte.

Zusätze: 10% Glaubersalz

2—4% Essigsäure (30% ig).

Nach Zusatz der Farbstofflösung wird mit dem Färben bei 50^0 begonnen, in $^1/_2$ Std. zum Kochen erhitzt und $^1/_2$ Std. gekocht. Zur Erschöpfung des Färbebades versetzt man daraufhin mit 2—5% Natriumbisulfat oder Schwefelsäure, kocht noch $^1/_2$ Std., spült und trocknet.

Ausnahmen von der allgemeinen Regel werden bei den einzelnen Übungsbeispielen noch erwähnt.

Die Färbungen bestimmter Vertreter der sauerziehenden Farbstoffe, der sogenannten Chromierfarbstoffe, erhalten erst durch das Chromieren ihren hohen Wert, da diese Behandlung eine bedeutende Erhöhung aller für den praktischen Gebrauch wichtigen Echtheitseigenschaften der Färbungen mit sich bringt.

Sauerziehende Farbstoffe kommen für Baumwolle und Kunstseide nur selten in Betracht, und zwar für lebhafte Farbtöne, die nicht gewaschen werden. Man färbt unter ähnlichen Bedingungen, wie es bei der Wolle erwähnt wurde, nach dem Färben wird jedoch nicht gespült.

Nitrofarbstoffe.

Martiusgelb (6)

1% Farbstoff

15% Glaubersalz

5% Schwefelsäure.

Würde man nach diesen Angaben 5 g Schafwollgarn zu färben haben, so kommen folgende Mengen zur Anwendung:

1% Farbstoff = 0,05 g = 5,0 ccm einer Lösung 1 : 100
15% Glaubersalz = 0,75 g = 7,5 ccm einer Lösung 10 : 100
5% Schwefelsäure = 0,25 g = 2,5 ccm einer Lösung 10 : 100

Der Farbstoff und die Zusätze machen also 15 ccm aus. Man gießt diese in den noch leeren Färbebecher, fügt dann etwa 200 ccm warmes Wasser hinzu, setzt in das Erhitzungsbad ein und beginnt mit dem Färben.

In diesem besonderen Fall muß allerdings die Schwefelsäure vorsichtig und allmählich zugesetzt werden, weil der freie Farbstoff (die Farbsäure Dinitro-α-naphthol) in Wasser unlöslich ist.

Das Martiusgelb gibt auf Wolle und Seide ein schönes Goldgelb; da es den vielen Nitrokörpern eigenen bittern Geschmack nicht besitzt, wurde es zum Färben gewisser Nahrungsmittel verwendet. Es sublimiert sehr leicht und haftet daher nicht gut auf der Faser, es „schmutzt ab". Seinen Namen führt es nach seinem Entdecker C. A. von Martius. Heute hat es nur mehr theoretischen und historischen Wert, praktisch wird es nicht mehr verwendet.

Naphtholgelb S (7)

3% Farbstoff
15% Glaubersalz
4% Schwefelsäure.

Naphtholgelb S färbt wie Martiusgelb, schmutzt aber nicht ab, auch wird es durch Säuren aus den Lösungen seiner Salze nicht gefällt. Es findet ausgedehnte Verwendung als Egalisierungsfarbstoff. Pikrinsäure (Trinitrophenol) ist von ihm vollständig verdrängt worden.

Azofarbstoffe.

a) Die sog. sauren Wollfarbstoffe.

Gleiche Zusätze für die folgenden Färbungen: 15% Glaubersalz
3% Schwefelsäure.

Echtgelb G (137)   1% Farbstoff

Orange G (38)   1% Farbstoff

Ponceau 2 R (82)   3% Farbstoff

Echtponceau B (247)   3% Farbstoff

Croceinscharlach 3 B (249)   3% Farbstoff

Ausnahmen:

Naphthylaminschwarz 4 B
(266)

6% Farbstoff
10% Glaubersalz
5% Essigsäure (30%ig).

Man beginnt bei 70⁰, treibt zum Kochen und setzt nach ¾stündigem Kochen 6% Natriumbisulfat oder 2,5% Schwefelsäure zu. Dann wird lebhaft gekocht, bis der Farbstoff verbraucht („ausgezogen") ist (20—30 Min.). Der Farbton von Naphthylaminschwarz 4 B ist ähnlich dem Blauholzschwarz, aber lichtechter wie dieses. Auch die übrigen Echtheitseigenschaften sind sehr gut.

Sulfonsäureblau B (189)

3% Farbstoff
20% Glaubersalz
3% Essigsäure (30%ig).

Man färbt so wie die schwer egalisierenden Wollfarbstoffe allgemein gefärbt werden, setzt aber am Schluß zwecks Erschöpfung des Bades 1—2% Natriumbisulfat oder Schwefelsäure zu.

Sulfonschwarz R (242)

5% Farbstoff.

Zusätze und Methode wie beim Färben von Sulfonsäureblau B.

Sulfoncyanin 3 R (257)

3% Farbstoff
5% Ammoniumacetat (oder -chlorid oder -sulfat)
10% Glaubersalz.

Man färbt so wie schwer egalisierende Wollfarbstoffe allgemein gefärbt werden; sollte der Farbstoff nicht ausziehen, so gibt man am Schluß etwas Essigsäure nach. Die kochende Flotte soll schwach sauer reagieren.

Sulfoncyaninschwarz 2 B
(265)

7% Farbstoff.
Zusätze und Methode wie beim Färben von Sulfoncyanin 3 R.

b) Chromierfarbstoffe. (Orthooxyazofarbstoffe.)

α) Nachchromierbare Farbstoffe.

Die Eigenschaft der Nachchromierbarkeit verdanken alle diese Farbstoffe der Anwesenheit von Hydroxylgruppen, die, wie schon der Name sagt, die Ortho-Stellung zu einer Azogruppe

2*

einnehmen. Das Nachchromieren verursacht häufig einen bedeutenden **Farbenwechsel**; so wird z. B. die primäre dunkelrote Färbung von Chromotrop F 4 B beim Nachchromieren marineblau.

Man chromiert nicht in einem frisch angesetzten Bad, sondern es wird so verfahren, daß man nach dem Färben, sobald die Wolle die maximal mögliche Farbstoffmenge aus dem Bade aufgenommen hat, das Bichromat dem erschöpften und etwas abgekühlten Färbebad zugibt.

Man färbt also zunächst unter Zusatz von Schwefelsäure und Glaubersalz, wie die anderen sauren Farbstoffe. Dann nimmt man das Strängchen heraus, kühlt das Färbebad durch Zusatz von kaltem Wasser auf 60—70° ab, setzt Kaliumbichromatlösung zu (½—⅓ der angewandten Farbstoffmenge), geht mit der Wolle wieder ein, treibt langsam zum Kochen und kocht ½—¾ Std.

Es empfiehlt sich, mit **zwei** (5g) **Strängchen** zu beginnen und eines von ihnen vor der Behandlung mit Bichromat zurückzuhalten. So hat man nach Beendigung des Versuches zum Vergleich den Ton der Färbung des Farbstoffes und den Ton seiner nachchromierten Färbung.

Chromotrop 2 R (40)
  oder ***Chromotrop F 4 B*** (164)   5% Farbstoff
                              15% Glaubersalz
                               5% Schwefelsäure.

                    Nachchromieren:
                                   3% Kaliumbichromat.

  Beachte, daß nur die Hälfte des Materials (1 Strängchen) nachchromiert wird.

Säurealizaringranat R (155)   3% Farbstoff
                             15% Glaubersalz
                              5% Schwefelsäure.

                    Nachchromieren:
                                   2% Kaliumbichromat.

Tuchrot B (233)   3% Farbstoff
                             15% Glaubersalz
                              5% Schwefelsäure.

                    Nachchromieren:
                                  1,5% Kaliumbichromat.

Diamantschwarz P 2 B
(siehe 157)

      8% Farbstoff
    20% Glaubersalz
     5% Schwefelsäure

Nachchromieren:
    3% Kaliumbichromat.

Andere vorzügliche Farbstoffe dieser Gruppe sind die sogenannten „Eriochromfarbstoffe" der J. R. Geigy A.G., Basel.

β) Monochromfarbstoffe.

Es sind dies Farbstoffe, die es gestatten, Wolle in demselben Bad gleichzeitig zu färben und zu chromieren. Sie werden unter Zusatz eines neutralen Chromsalzes, z. B. „Metachrombeize", einem Gemenge von Ammoniumsulfat und Kaliumchromat, gefärbt. Auch das „Chromatverfahren" kann angewendet werden. Dieses besteht darin, daß man dem Färbebad von Anfang an Kaliumbichromat zusetzt.

Metachrombordeaux R (92)

     4% Farbstoff
     4% Metachrombeize
    10% Glaubersalz
  2—3% Protectol Agfa II.

Man beginnt bei 40°, färbt 10 Min. treibt innerhalb 40 Min. zum Kochen und kocht 15 Min. Der Zusatz von Protectol hat den Zweck, das gleichmäßige Aufziehen zu erleichtern.

Monochrombraun BX

     3% Farbstoff
  1,5% Kaliumbichromat.

Man geht bei ungefähr 60° mit dem Strängchen ein, treibt langsam zum Kochen und kocht ½—¾ Std. Dann wird 2—5% Essigsäure (30% ig) zugesetzt und noch 1 Std. gekocht.

Andere vorzügliche Vertreter dieser Gruppe sind die „Neolanfarbstoffe" der Gesellschaft für chemische Industrie in Basel, sowie die „Eriochromalfarbstoffe" der J. R. Geigy A.G., Basel.

Pyrazolonfarbstoffe.

Tartrazin (23)

     1% Farbstoff
    15% Glaubersalz
     5% Schwefelsäure.

Tartrazin erzeugt im sauren Bad auf der tierischen Faser ein schönes Goldgelb von außerordentlicher Echtheit und ist einer der wichtigsten gelben Wollfarbstoffe. Sehr schöne Färbungen erhält man auch mit *Flavazin L* oder *S* (19, 20).

Triphenylmethanfarbstoffe.

Alkaliblau 3 B (536)

2% Farbstoff
2,5% Soda kryst. oder 4% Borax.
Man geht bei 50⁰ ein, erhitzt in ¼ Std. zum Kochen, spült und entwickelt in einem kochenden Bade, welches 1—2% Schwefelsäure enthält.

Die freie Sulfosäure dieses Farbstoffes ist sehr schwer löslich, die Färbungen im sauren Bad würden daher ungleichmäßig ausfallen; aus diesem Grunde färbt man im alkalischen Bad unter Zusatz einer beschränkten, die Faser schonenden Sodamenge. Von diesem für Wolle ungewöhnlichen Verfahren hat der Farbstoff seinen Namen. Das Alkali spaltet das farbige innere Salz auf zu einem farblosen Salz der Sulfosäure des entsprechenden Triphenylcarbinols. Dieses farblose Salz geht im alkalischen Bad auf die Wolle, auf der es im folgenden sauren Bad in das innere Salz übergeführt wird. Im Säurebad kommt also die tiefblaue Farbe zum Vorschein, deshalb kann man gut von einer „Entwicklung mit Schwefelsäure" sprechen.

Patentblau V (543) oder *A* (545)

2% Farbstoff
15% Glaubersalz
3% Schwefelsäure.

Hier läßt sich das innere Salz bei mäßiger Einwirkung durch Alkali nicht aufspalten. Die Ortho-Stellung der Sulfogruppe zum Methankohlenstoff erhöht die Alkaliechtheit dieses Farbstoffes und damit seine technische Bedeutung. Patentblau ist ein ausgesprochener Wollfarbstoff, der Ton seiner Färbungen entspricht dem schönen blauen Farbton des Indigokarmins, der Indigosulfosäure (877). Es zeichnet sich durch gutes „Egalisierungsvermögen" aus.

Guineagrün 2 G (505)

2% Farbstoff
10% Glaubersalz
5% Schwefelsäure.

Diphenyl-naphthylmethanfarbstoffe.

Brillantwollblau G extra
(siehe 562)

2,5% Farbstoff
10% Glaubersalz
5% Schwefelsäure.

Zum Anfärben läßt man die Schwefelsäure weg und setzt 3% Essigsäure (30%ig) hinzu. Die Schwefelsäure wird erst nach 30 Min. ins Färbebad gebracht. Die Färbungen von Brillantwollblau G zeichnen sich durch Lebhaftigkeit und Schönheit aus.

Anthrachinonfarbstoffe.

Anthrachinongrün G X N (864)

4% Farbstoff
20% Glaubersalz
3% Schwefelsäure.

Cyananthrol R (859)

1,5% Farbstoff
10% Glaubersalz
3% Schwefelsäure.

Anthrachinonviolett (853)

3% Farbstoff
20% Glaubersalz
3% Schwefesäure.

Phthaleine.

Die Färbemethoden dieser Gruppe w e i c h e n   e t w a s   a b von den allgemeinen Färbemethoden für sauer ziehende Farbstoffe.

Eosin GGF (587)

Die Wolle wird zuerst ½ Std. gekocht mit
2% Alaun
1—2% Essigsäure (30%ig)
2% Weinstein.

Nun läßt man das Bad auf 40° erkalten, gibt die Farbstofflösung (1% Farbstoff) dazu, erhitzt zum Kochen und kocht ½ Std. Bei solcher möglichst schwach sauren Ausfärbung wird die größte Lebhaftigkeit erzielt.

Rose bengale AT (595)

Dieselbe Vorschrift, die beim Eosin angeführt wurde, gilt auch hier; es empfiehlt sich eine 2%ige Färbung auszuführen.

Indigosol.

„Indigosole" sind die Alkalisalze der sauren Schwefelsäureester der Leukoverbindungen von Küpenfarbstoffen. Indem man die Wolle mit ihrer sauren Lösung behandelt, wird der freie Ester (wie jede Säure) von ihr aufgenommen. Hierauf geht man mit der Wolle in ein stärker saures, milde oxydierendes Bad ein, wobei der Ester verseift und die freiwerdende Leukoverbindung auf der Faser zum entsprechenden Farbstoff oxydiert wird.

Indigosol O

    5% Indigosol O
   10% Glaubersalz
    5% Ameisensäure

Man geht bei 40,⁰ ein, treibt zum Kochen und kocht ¾ Std. Dann setzt man zur Erschöpfung des Bades 2% Schwefelsäure zu, kocht ½ Std. und spült. Hierauf behandelt man in einem frischen Bad mit

    7% Schwefelsäure
    1% Natriumnitrit
   ½ bis ¾ Std. bei 25⁰.

2. Basische Farbstoffe.

a) Baumwolle.

Wie schon erwähnt wurde (S. 8), wird die pflanzliche Faser von basischen Farbstoffen nur nach Vorbehandlung (Beizen) mit Tannin und Antimonsalzen angefärbt.

Die Vorbehandlung besteht in folgendem: Die Baumwolle wird in einer heißen, wäßrigen Tanninlösung (2—6% Tannin vom Baumwollgewicht) umgezogen, dann über Nacht eingelegt und hierauf abgepreßt. Es folgt nun ein Brechweinsteinbad: Die tannierte Baumwolle wird mit 1—2,5% Brechweinstein bei 40 bis 50⁰ 1 Std. lang behandelt und hierauf gut gewaschen. Zum Färben ist zu bemerken, daß man dem Färbebad etwas Essigsäure zusetzt, kalt anfängt und allmählich bis auf 90⁰ erwärmt. Der Farbstoff in Lösung wird dem Färbebad nach und nach zugesetzt.

Besondere Bemerkungen. Beim Vorbehandeln kann man auch an Stelle von Tannin Sumach oder andere den Gerbstoff enthaltende Naturprodukte anwenden, besonders dann, wenn es sich um das Färben dunkler Töne handelt, während Tannin, besonders in der Großfärberei, ganz allgemein für helle und zarte Töne Verwendung findet. Brechweinstein kann für wenig klare Farben auch durch Eisensalze ersetzt werden.

Von der I. G. Farbenindustrie Aktiengesellschaft (Werk Leverkusen) wird ein synthetisches Produkt „Katanol" als Ersatzprodukt für Tannin-Brechweinstein-Beize in den Handel gebracht. Die alleinige Vorbehandlung mit Katanol ersetzt sowohl die Behandlung mit Gerbstoff, als auch die mit Antimonsalz; man kann also nach ihr sofort mit dem betreffenden Farbstoff färben.

Die Katanol-Behandlung erfolgt in sodaalkalischer, kurzer Flotte (1 : 12) während 2 Std. bei 50—60° (3—6% Katanol O, 2—4% Soda). Hierauf wird gewaschen und ausgefärbt.

Auch Katanol W kann an Stelle von Tannin-Brechweinstein Verwendung finden, doch liegt dessen Bedeutung mehr in der Eigenschaft, in gemischten Geweben die tierische Faser gegen das Aufziehen der Baumwollfarbstoffe zu schützen („Reservieren").

Erhöhung der Waschechtheit. Diese erzielt man durch eine Nachbehandlung der gefärbten Baumwolle mit 0,25—0,5% Tannin und 0,13—0,25% Brechweinstein.

Überfärben. Basische Farbstoffe dienen auch zum Überfärben oder „Schönen" von mit direkt ziehenden Farbstoffen oder Schwefel-Farbstoffen gefärbter Baumwolle. Dieses Überfärben geschieht direkt, ohne vorher zu beizen, unter Zusatz von etwas Essigsäure.

b) Kunstseiden.

1. Celluloseseiden werden mit basischen Farbstoffen so wie Baumwolle nach Vorbehandlung mit Tannin und Brechweinstein oder mit Katanol gefärbt.

2. Acetatseide. Sie nimmt die basischen Farbstoffe nur nach einer besonderen Vorbehandlung auf. Für diesen Zweck stehen sowohl die „Beize für Acetatseide" als auch „Celloxan" der I. G. Farbenindustrie Aktiengesellschaft oder ferner das „Setacylsalz A" der J. R. Geigy A.G., Basel, zur Verfügung.

Die „Beize für Acetatseide" z. B. wird so angewendet, daß man die Acetatseide in einer 4—8%igen Lösung bei 60° während 20 Min. umzieht (trocken eingehen). Nachher wird abgequetscht, nicht gespült und sogleich gefärbt. „Celloxan" wird dem Färbebad zugesetzt.

c) Schafwolle.

Sie wird ohne jede Vorbehandlung von basischen Farbstoffen gefärbt. Man färbt im allgemeinen im neutralen Bad, anfangs bei 50⁰, später bei 80—95⁰. Abweichungen davon werden noch bei den einzelnen Farbstoffen erwähnt. Essigsäure wird manchmal zugesetzt, teils um langsames Aufziehen, also besseres Egalisieren zu bewirken, teils um die Ausfällung von Farbbasen durch den Kalk des Wassers zu verhüten.

Azofarbstoffe.
(Auf vorgebeizter Baumwolle.)

Chrysoidin AG (33)   2% Farbstoff.

Chrysoidin wurde früher in Verbindung mit Fuchsin oder Safranin zur Herstellung gelbroter Farbtöne verwendet, später ist es durch die echteren Farbstoffe Auramin und Thioflavin ersetzt worden. In Spritlösung dient es wahrscheinlich noch als Anstrichfarbe für photographische Zwecke.

Abgesehen von dem im Jahre 1867 von H. Caro und P. Grieß entdeckten Triaminoazobenzol (Phenylenbraun), kann man das von Otto N. Witt im Jahre 1876 entdeckte Chrysoidin als den ersten technisch verwendeten Azofarbstoff bezeichnen.

Bismarckbraun (283)   3% Farbstoff.

Diphenylmethanfarbstoffe.

Auramin O (493). Auf vorgebeizter Baumwolle 1% Farbstoff.

Dieser Farbstoff wird allein oder in Verbindung mit anderen basischen Farbstoffen in der Baumwollfärberei verwendet. Auch Wolle wird damit gefärbt. Zu beachten ist, daß man die Temperatur des Färbebades nicht über 80⁰ steigen lassen darf, sonst spaltet sich das Auramin in Michlers Keton und Ammoniak.

Auf Acetatseide: 1% Farbstoff
1 g „Beize für Acetatseide" auf
100 ccm Flotte.

In diesem Falle wird die „Beize für Acetatseide" in Form
ihrer wässerigen Lösung gleich dem Färbebad zugesetzt.
Von der oben gegebenen Vorschrift weicht also ihre Anwendungs-
weise beim Auramin ab.

Triphenylmethanfarbstoffe.

Malachitgrün (495)   1% Farbstoff.

Das Handelsprodukt ist gewöhnlich ein Chlorzinkdoppelsalz des
nebenstehenden   Farbstoffes;
auch als Oxalat kommt es in den
Handel.   Es wird sowohl für
Wolle und Seide als auch für Baumwolle und Kunstseide angewendet und führte in früheren Zeiten auch den Namen
„Bittermandelölgrün".

Fuchsin (512)   1% Farbstoff.

Das Fuchsin des Handels besteht nicht nur aus dem nebenstehenden salzsauren (oder es-
sigsauren) p-Rosanilin —
nach A. von Baeyer Diamino-
fuchsonimoniumchlorid —, sondern auch aus dem entsprechenden
Salz des Rosanilins.

Krystallviolett (516)   1% Farbstoff.

Es wird gleichfalls für Wolle,
Seide, Baumwolle und Kunstseide im ausgedehntesten Maße
verwendet. Mit Salzsäure tritt
ein Farbumschlag nach Gelb
ein, indem alle drei Stickstoffatome fünfwertig werden. Anstatt
Salzsäure kann auch Jodmethyl angelagert werden, es entsteht
dann das sogenannte Jodgrün, welches beim Erwärmen — z. B.
beim Bügeln des mit Jodgrün gefärbten Stoffes — unter Abgabe
von Jodmethyl wieder Violett wird.

Die angegebenen 1%igen Färbungen dieser drei Farbstoffe
sollen auf mit Tannin-Antimon vorbehandelter Baumwolle
sowie auf mit Tannin-Antimon vorbehandelter Viskoseseide
oder Kupferseide ausgeführt werden; daneben empfiehlt es
sich, einen von ihnen in etwa 0,5%iger Stärke auch auf Wolle

zu färben. Von der geringen Lichtechtheit der Färbungen der drei genannten oder ähnlicher Triphenylmethanfarbstoffe kann man sich leicht durch die üblichen Belichtungsversuche überzeugen.

Auf Acetatseide soll die besondere Arbeitsweise in den zwei folgenden Beispielen berücksichtigt werden:

Malachitgrün (495)   1% Farbstoff.

Das trockene Strängchen wird zunächst in einer 8%igen wässerigen Lösung der „Beize für Acetatseide" (Flottenverhältnis 1 : 20) bei 60° während 20 Min. umgezogen, dann abgequetscht und jetzt ausgefärbt. Hierbei verfährt man wie mit Baumwolle, hält jedoch vorteilhafterweise das Flottenverhältnis auf 1 : 30 und geht nicht über 70°.

Krystallviolett (516)   2% Farbstoff.

Gefärbt wird ungefähr ¾ Std. bei 70° im Flottenverhältnis 1 : 20. Dem Färbebad setzt man auf je 100 ccm anfangs 0,5 ccm, später noch einmal 0,5 ccm „Celloxan" zu. Nach dem Färben wird gespült und bei 40° mit 1% Essigsäure (30%ig) nachbehandelt („aviviert").

Phthaleine.

Rhodamin B (573) Auf Wolle   1% Farbstoff
                                       1—2% Essigsäure (30%ig)
                                       2% Alaun
                                       2% Weinstein.

Man arbeitet nach der für das Färben von Eosin anempfohlenen Vorschrift (S. 23). Abweichend von den übrigen Phthaleinen zeigen die Rhodamine basische Eigenschaften. Ihre Färbungen zeichnen sich durch geringe Lichtechtheit, aber durch außerordentlich schöne Farbtöne aus. Sie finden ausgedehnte Verwendung in der Woll- und Seidenfärberei, aber auch in der Baumwollfärberei zum Schönen von substantiven Rosas sowie von Türkischrosa. Auch als Ersatz für die Eosine, die noch weniger lichtecht sind als die Rhodamine, finden sie Anwendung.

Oxazine.

Baumwollblau R (649) (Meldolas Blau). Auf vorgebeizter Baumwolle
       oder ***Capriblau GON*** (620)   oder Celluloseseide
                                             2% Farbstoff.

Das Handelsprodukt ist gewöhnlich ein Chlorzinkdoppelsalz des nebenstehenden Farbstoffes. Auf Baumwolle, Viskoseseide oder Kupferseide erhält man ein trübes indigoähnliches Blau von großer Deckkraft. Es kann auch auf ungebeizter Wolle gefärbt werden, eignet sich aber nicht dafür.

Thiazine.

Methylenblau B (659) Es kommt ebenfalls als Chlorzinkdoppelsalz in den Handel, färbt Wolle nur schwierig an, wird aber leicht aufgenommen von Seide und von mit Tannin-Antimon vorbehandelter Baumwolle, Kupferseide oder Viskoseseide. Helle Töne aber, die auf mit Tannin-Brechweinstein behandelten Fasern ungleichmäßig ausfallen, färbt man auf gebleichter, ungebeizter Baumwolle oder ebensolchen Celluloseseiden unter Zusatz von

5% Alaun
2% Essigsäure (30%ig)
für 0,5% Farbstoff.

Hier soll auch die Anwendung von Katanol O für Baumwolle an einem Beispiel gezeigt werden:

6% Katanol O
4% Soda
50% Kochsalz.

Man löst die Soda im Flottenverhältnis 1:12 auf und streut in die kochendheiße Sodalösung das Katanol allmählich ein. Falls keine klare Lösung entsteht, wird ein wenig Soda nachgegeben. Im Katanolbad wird das Baumwollsträngchen 2 Std. bei 60° behandelt. Dann wird gewaschen und hierauf auf langer, frischer Flotte mit 1,5% Methylenblau B (659) bei 40° ausgefärbt.

Azine.

Safranin FF (679) 2% Farbstoff.
Auf tierische Faser sowie auf gebeizte Baumwolle bzw. Celluloseseide fixiert es sich mit der roten Farbe seiner einsäuerigen Salze; auch die Base selbst besitzt die Färbung ihrer einsäuerigen Salze. Für Wolle hat es wenig Wert.

3. Direkt ziehende Farbstoffe.

(Auch „Salzfarben" oder substantive Farbstoffe genannt.)

a) Baumwolle.

Die Baumwolle bildet das Hauptanwendungsgebiet für diese Farbstoffklasse.

Mittlere und dunklere Färbungen: Man färbt in möglichst kurzem neutralen Bad unter Zusatz von 20—30% Glaubersalz oder Kochsalz ¾—1 Std. lang kochend. Bei den meisten Farbstoffen empfiehlt sich ein Zusatz von 0,5—2% Soda. Nach dem Färben wird abgequetscht, mit kaltem Wasser kurz gewaschen und dann getrocknet. Die Färbebäder werden niemals vollständig erschöpft, sie können unter Zusatz geringerer Mengen von Farbstoff und Salz weiter verwendet werden („Laufende Färbebäder").

Helle Färbungen: Die Wassermenge ist weniger beschränkt, das Bad schwach alkalisch. Zusätze: 2,5% Glaubersalz; 0,5 bis 1% Soda; 0,5—1% Seife, Türkischrotöl oder Monopolöl. Man färbt ½ Std. bei 50—80°, quetscht ab, spült kalt und kurz und trocknet.

Durch geeignete Nachbehandlung mit verschiedenen Metallsalzen kann die Echtheit der Färbungen bedeutend verbessert werden. Kupfervitriol erhöht die Lichtechtheit („Nachkupfern"), ebenso Nickel- und Kobaltsalze. Kalium- oder Natriumbichromat, Chromchlorid, Chromalaun erhöhen die Waschechtheit („Nachchromieren"). Hierbei ist aber zu bemerken, daß die Nachbehandlung mit Metallsalzen stets eine Änderung (Trübung) des ursprünglichen Farbtons nach sich zieht. Häufig vereinigt man auch die Nachbehandlungen mit Kupfervitriol und mit Chromsalzen in eine Arbeit. Ferner gewinnen die Färbungen an Waschechtheit durch eine Nachbehandlung mit Formaldehyd.

Die wichtigste Art der Nachbehandlung von Färbungen direkt ziehender Farbstoffe ist das Diazotieren des Farbstoffes auf der Faser und das Kuppeln (Entwickeln) der so auf der Faser entstehenden Diazoverbindung mit Phenolen in alkalischer Lösung oder mit Basen in wäßriger oder schwach alkalischer Lösung (die sogenannten „Entwickler"). Solche Farbstoffe heißen Diazotierungsfarbstoffe. Ihre entwickelten Färbungen zeichnen sich durch sehr gute Echtheitseigenschaften aus. Aber auch die Kuppelung gewisser direkt ziehender Farbstoffe auf der Faser mit Diazoverbindungen[1] (Azophorrot PN,

---

[1] Siehe auch S. 35 u. 57.

Parazol FB u. a.) ist als bedeutungsvoll zu erwähnen und führt zu sehr echten Färbungen.

Mit ganz geringen Mengen basischer Farbstoffe lassen sich die Färbungen substantiver Farbstoffe überfärben („Schönen", „Übersetzen"). Der substantive Farbstoff wirkt dann wie eine Beize für den basischen Farbstoff. Die Schönungsbäder werden vollkommen ausgezogen. Durch das Überfärben erzielt man vor allem eine größere Lebhaftigkeit des Farbtons, aber auch kleine Abweichungen des Farbtons (von einem etwa vorliegenden Muster) lassen sich derart ausgleichen.

Bei der Durchführung aller dieser Nachbehandlungen und des Überfärbens arbeite man stets mit 2 Strängchen, so wie dies auch schon früher bei den nachchromierbaren Farbstoffen (S. 20) empfohlen wurde.

Benzidin-Abkömmlinge.

Congo (307)

3% Farbstoff
20% Glaubersalz.

Es ist der erste im Großen dargestellte und verwendete Farbstoff dieser Gruppe. Congo wurde im Jahre 1884 von P. Böttiger entdeckt.

Benzopurpurin 4 B (363)

3% Farbstoff
20% Glaubersalz.

Die Methylgruppen im Benzopurpurin-Molekül bringen es auffallenderweise mit sich, daß dieser Farbstoff etwas echter ist als Congo. Während nämlich Congofärbungen mit schwachen Säuren (verdünnter Essigsäure) nach Blau umschlagen, ist dies bei Benzopurpurinfärbungen nicht der Fall; letztere verändern ihre Farbe erst durch verdünnte Mineralsäuren. Das mit verdünnter Essigsäure entstehende blaue Salz wird allerdings durch Wasser leicht gespalten; wäscht man also eine durch Säure blau gewordene Congofärbung mit Wasser, so kommt der ursprüngliche rote Farbton wieder zurück.

Benzopurpurin 10 B (405)

3% Farbstoff
20% Glaubersalz.

Benzopurpurin 10 B ist blaustichiger als Benzopurpurin 4 B, es ist das dem letzteren entsprechende Dianisidinderivat; an

Stelle der Methylgruppen des Benzopurpurins 4 B stehen hier Methoxylgruppen. Diese sind es, welche die Farbe nach Blau verschieben. Dieser bathochrome Einfluß der Methoxylgruppe macht sich auch bei allen anderen vom Dianisidin abgeleiteten Farbstoffen bemerkbar.

Patentdianilschwarz EB (462)   6% Farbstoff
30% Glaubersalz.

Congobraun A (477)   5% Farbstoff
20% Glaubersalz.

Diamingrün B (475)   3% Farbstoff
20% Glaubersalz.
Übersetzen mit 0,05% Malachitgrün.

Nicht vom Benzidin abgeleitete direkt ziehende Farbstoffe.
Chrysophenin G (304)   2% Farbstoff
15% Glaubersalz.

Erika B extra (121)   2,5% Farbstoff
15 % Glaubersalz.

In neuerer Zeit ist eine Gruppe von direkt ziehenden Farbstoffen, deren Färbungen sich durch sehr gute Lichtechtheit auszeichnen, von der I. G. Farbenindustrie Aktiengesellschaft unter dem Namen Siriusfarbstoffe zusammengefaßt worden.

Nachbehandlung mit Kupfersulfat (Nachkupfern).

Congoreinblau (426)

3% Farbstoff
20% Glaubersalz.

Nachdem die fertige Färbung etwas gespült wurde, bringt man sie in ein Bad mit
2% Kupfervitriol
3% Essigsäure (30%ig)

und zieht darinnen bei 60—80⁰ während 20—30 Min. um. Durch diese Nachbehandlung wird die reinblaue Farbe etwas grünstichiger und ihre Lichtechtheit bedeutend erhöht.

Nachbehandlung mit Bichromat (Nachchromieren).

Diaminbraun M (344)

3% Farbstoff
20% Glaubersalz.

Die fertige gespülte Färbung behandelt man in einem frischen, heißen Bad mit
3% Kaliumbichromat
5% Essigsäure (30%ig).

Durch diese Nachbehandlung der Färbung wird ihre Waschechtheit erheblich verbessert.

Nachbehandlung mit Kupfersulfat und Bichromat.

Kresotingelb G (351)

4% Farbstoff
20% Glaubersalz.

Die gewaschene Färbung bringt man in ein frisches Bad mit
2% Kaliumbichromat
1,5% Kupfervitriol
2,5% Essigsäure (30%ig).

Darin behandelt man bei 60⁰ während 30 Min. und spült gut. Durch diese Nachbehandlung wird eine wesentliche Steigerung der Wasch- und Lichtechtheit erzielt.

Diazotierungsfarbstoffe.

Diazobrillantscharlach 3B extra

3% Farbstoff
1,5% Soda
10% Glaubersalz.

Nach dem Färben wird gründlich gespült und hierauf in das kalte Diazotierungsbad gebracht:
2% Natriumnitrit (in Wasser gelöst)
5% Schwefelsäure.

20—30 Min. zieht man in diesem Bad, wäscht dann und entwickelt sofort. Ein Liegenlassen der diazotierten Färbung ist zu vermeiden.

Entwicklungsbad: 1,5% β-Naphthol in alkalischer Lösung[1]. Darin behandelt man 20—30 Min. kalt, spült und seift kochend.

Diazanilblau BB (273) 4% Farbstoff

15% Glaubersalz.

Die gefärbte und gespülte Baumwolle wird in genau der gleichen Weise, wie dies beim Diazobrillantscharlach geschildert ist, diazotiert und entwickelt und kochend geseift.

Oxaminschwarz 2R (328) 6% Farbstoff

30% Glaubersalz.

Die fertige Färbung wird kurz gespült und mit

2,5% Natriumnitrit
4% Schwefelsäure

¼ Std. in der Kälte diazotiert. Daraufhin wäscht man ohne Verzug mit kaltem Wasser und entwickelt nun mit 1,8% Resorcin und 0,8% β-Naphthol (beide alkalisch gelöst). Durch diese Nachbehandlung erzielt man ein tiefes Schwarz mit guter Übersicht und von genügender Waschechtheit, besonders dann, wenn man zum Schluß noch ein kochendes Seifenbad gibt.

Primulin (616)

Das technische Primulin ist die Sulfosäure der Primulinbase, welche bei der Einwirkung von Schwefel bei höherer Temperatur auf p-Toluidin entsteht. Das Primulin hat ausgeprägte Verwandtschaft zur pflanzlichen Faser; man färbt es auf Baumwolle so wie die anderen substantiven Farbstoffe und erhält ein schönes, klares, aber wenig lichtechtes Gelb. Der Farbstoff ist auf der Faser diazotierbar (Primulin war der erste substantive Farbstoff, der auf der Faser diazotiert und entwickelt wurde) und läßt sich mit geeigneten Azokomponenten zu Azofarbstoffen von beliebigen anderen Tönen kuppeln („Ingrainfarben"). So liefert es mit

Phenol	Gelb
Resorcin	Kressrot
m-Phenylendiamin	Braun
β-Naphthol	Rot
β-Naphthol-6-sulfosäure (Schäffersäure)	Karmin
β-Naphthol-3,6-disulfosäure (R-Säure)	Violettbraun.

---

[1] Zum Auflösen des β-Naphthols benötigt man für je 10 g β-Naphthol 7,5 g Natronlauge (35%ig). Resorcin wird ähnlich gelöst.

Beispiel für Rot: 5% Primulin
20% Kochsalz.

Man färbt kochend wie einen direkt ziehenden Farbstoff und spült kalt. Hierauf wird diazotiert mit 2,5% Natriumnitrit und 5% Schwefelsäure in der Kälte 10—30 Min. Nach dem Diazotieren wird ohne Verzug in kaltem, angesäuertem Wasser gewaschen und sofort entwickelt mit 3% β-Naphthol. Nach dem Entwickeln läßt man eine Zeitlang liegen, damit die Kuppelung vollständig erfolgen kann, dann wird in kaltem Wasser gut gespült und bei 60° 10—15 Min. geseift (2 g Seife in 1 l Wasser).

Entwickeln mit Diazoverbindungen.

Dianilorange N (392)

3% Farbstoff
2,5% Seife
10% Natriumphosphat.

Die Nachbehandlung der gefärbten und gespülten Baumwolle geschieht während ½ Std. in einem kalten Bad mit 1—2% Azophorrot PN. Zum Schluß wäscht und seift man.

b) Celluloseseiden.

Viskoseseide und Kupferseide färbt man ½—1 Std. bei 30 bis 70° unter Zusatz von 10—30% Glaubersalz. Nach dem Spülen kann man unter Umständen mit 1—2% Monopolseife (oder irgendeinem ähnlichen Ölpräparat) avivieren. Wird Griff[1] gewünscht, so genügt es, dem Avivierbade etwas Milchsäure, Weinsäure oder Ameisensäure zuzusetzen.

Für Übungsbeispiele mit Viskoseseide bzw. Kupferseide eignen sich die folgenden Farbstoffe:

Benzopurpurin 4B (363) . . . . 3% Farbstoff
Chrysophenin G (304) . . . . 2% „
Congoreinblau (426) . . . . 3% „
Siriusgrün BB . . . . 0,5% „
Siriusrotviolett BBL . . . . 1,5% „

---

[1] Die Erzeugung von „Griff" oder „Krachgriff" (auch Avivieren, Seidengriff, Griffigmachen genannt) spielt heute eine große Rolle in der chemischen Veredlungsindustrie. Krachgriff wird nicht nur auf ungefärbter und gefärbter Kunstseide, sondern auch auf ebensolcher mercerisierter Baumwolle hergestellt. Im folgenden sind für beide Fasern die Verfahren geschildert.

Baumwolle wird in einem 40—50° warmen Seifenbad behandelt, welches 4—5 g Kernseife in 1 l enthält. Flottenverhältnis 1 : 20. Man zieht 20 Min. gut um und preßt ab. Gleich darauf wird gesäuert (Flottenverhältnis 1 : 30) bei gewöhnlicher Temperatur in einem Bad, welches 4—5 g Milchsäure (100%ig) enthält. Es wird darin nur kurze Zeit umgezogen. Nach dem Säuern wird abgeschleudert und bei 40—50° sofort getrocknet.

Kunstseide. Man arbeitet nach der gleichen Vorschrift, nur mit der Abänderung, daß das Seifenbad in 1 l 10 g Kernseife und das Säurebad in 1 l 10—15 g Milchsäure enthält.

und die folgenden Diazotierungsstoffe:

Oxaminschwarz 2 R (328) . . . . . . 6% Farbstoff
Primulin (616). . . . . 3%   „

c) Schafwolle.

Eine Anzahl von direkt ziehenden Farbstoffen ist zum Färben von Schafwolle sehr gut geeignet. Diese Färbungen sind im allgemeinen walkechter als die der Säurefarbstoffe.

Man färbt unter Zusatz von 10—20% Glaubersalz und 2 bis 4% Essigsäure (30%ig), indem man die Temperatur von 40° am Anfang langsam bis zum gelinden Kochen treibt. Auch die Nachbehandlung mit Metallsalzen (Kupfervitriol, Fluorchrom oder Bichromat) wird angewendet, wodurch die Walkechtheit der Färbungen noch besser wird.

Benzoazurin G (410)   3% Farbstoff
                                 20% Glaubersalz
                                  2% Essigsäure (30%ig)

Diaminechtrot F (343)   4% Farbstoff
                                 10% Glaubersalz
                                  3% Essigsäure (30%ig)

                        Nachchromieren:

                                  2% Kaliumbichromat.

Anhang: Direktes Färben der Acetatseide ohne Vorbehandlung.

Basische Farbstoffe färben, wie schon S. 8 erwähnt, Acetatseide zwar direkt an, aber nur in sehr hellen Tönen. In praktisch brauchbarer Art nimmt Acetatseide die basischen Farbstoffe nur nach einer besonderen Vorbehandlung an (siehe S. 25). Außer den basischen Farbstoffen gibt es aber noch andere Farbstoffe, welche die Acetatseide direkt färben.

Es sind dies z. T. wasserlösliche Produkte: „Cellitechtfarbstoffe" (I. G. Farbenindustrie Aktiengesellschaft), „Setacyldirektfarbstoffe (J. R. Geigy A.G., Basel), z. T. sind es in Wasser schwerlösliche oder unlösliche Produkte: „Cellitonfarbstoffe" und „Cellitonechtfarbstoffe", „S. R. A.-Celanesefarbstoffe", „Setacylfarbstoffe" usw.

Der chemische Charakter dieser Farbstoffe ist ein sehr verschiedener; es sind Nitroaminoverbindungen, Aminoazoverbindungen, Aminoanthrachinone, Pyrazolone u. a.

Cellitechtfarbstoffe: Man färbt im Flottenverhältnis 1:30 ½ bis ¾ Std. bei 60—75⁰ (bei helleren Tönen lauwarm beginnend) unter Zusatz von 20—50% Glaubersalz calc. und meist auch von 3—5% Essigsäure (30%ig). Zum Schluß wird gespült.

Zur Übung können ausgeführt werden: eine 4%ige Färbung von ***Cellitechtorange G*** und eine 3%ige Färbung von ***Cellitechtblau A***.

Celliton- und Cellitonechtfarbstoffe: Am vorteilhaftesten färbt man sie im leicht schäumenden Seifenbad (2—3 g Seife im Liter) ½ bis ¾ Std. bei 60—75⁰ (bei hellen Tönen am Anfang lauwarm) und spült am Schluß.

Zur Übung eignen sich ***Cellitonorange GR Teig*** und ***Cellitonechtorange F 3 B Teig,*** mit denen man eine 10%ige bzw. 5%ige Färbung herstellt.

4. Schwefelfarbstoffe.

Die Schwefelfarbstoffe kommen ausschließlich für Baumwolle und Celluloseseiden in Betracht.

Die Bäder werden folgendermaßen beschickt:

Schwefelnatrium: Die Menge richtet sich je nach der Löslichkeit des Farbstoffes. Es kommt gewöhnlich die 1- bis 2fache Menge Schwefelnatrium kryst. zur Anwendung.

Farbstoff: Für helle Töne etwa 4—8%, für dunkle 20%.

Soda: Die zur Anwendung gelangenden Mengen schwanken zwischen 3—10%, in manchen Fällen wird anstatt Soda auch Natronlauge genommen.

Glaubersalz oder Kochsalz: Die zugesetzte Menge beträgt 10—40%.

Die Schwefelfarbstoffe werden, da sie im allgemeinen in Wasser unlöslich sind, gewöhnlich mit dem Schwefelnatrium zusammen aufgelöst und dann in das mit Soda- und Salzzusätzen schon beschickte Bad gegeben.

Man färbt Baumwolle 1 Std. lang möglichst unter der Flotte bei einer Temperatur von 50—90⁰. Mit Viskoseseide oder Kupferseide geht man in die 60⁰ heiße Flotte ein und zieht in dem freiwillig erkaltenden Bade ungefähr 1 Std. möglichst unter der Oberfläche um.

Nach dem Färben wird gut und gleichmäßig abgequetscht, einige Zeit an die Luft gehängt (Oxydation), gut gespült, geseift und getrocknet.

Die Färbebäder werden niemals vollständig erschöpft, sie können unter weit geringerem Zusatz von Farbstoff, Schwefelnatrium, Soda und Salz weiter verwendet werden, was natürlich eine bedeutende Ersparnis mit sich bringt („laufende" oder „stehende" Färbebäder).

Manche Schwefelfarbstoffe können ähnlich wie die substantiven Farbstoffe nachbehandelt werden; dadurch werden die an und für sich schon sehr echten Färbungen in ihren Echtheitseigenschaften noch verbessert. Meistens werden Metallsalze angewandt. Die Nachbehandlungen sind fast immer mit einer Vervollständigung der Oxydation des Farbstoffs und somit mit einer Schönung des Tones seiner Färbung verknüpft. Es dienen dazu Kaliumbichromat oder Kupfersulfat und Essigsäure. Man arbeitet heiß ½ Std. lang.

Die folgenden Übungsbeispiele sollen nach beliebiger Wahl auf Baumwolle und Viskoseseide oder Kupferseide ausgeführt werden.

Schwefelgelb 4 G	*Immedialcatechu G*
4% Farbstoff	10% Farbstoff
6% Schwefelnatrium	10% Schwefelnatrium
4% Soda	3% Soda
20% Kochsalz	20% Kochsalz.

Katigenindigo CL	*Immedialdirektblau R L konz.*
6% Farbstoff	3% Farbstoff
10% Schwefelnatrium	6% Schwefelnatrium
3% Soda	6% Soda
20% Kochsalz	30% Kochsalz.

Thiogenneublau CL	*Immedialechtfeldgrau*
6% Farbstoff	30% Farbstoff
6% Schwefelnatrium	6% Schwefelnatrium
3% Soda	2% Soda
20% Kochsalz.	15% Kochsalz.
Temperatur: höchstens 60º!	

Immedialindon IBN (733)　　6% Farbstoff
　　　　　　　　　　　　　　　12% Schwefelnatrium
　　　　　　　　　　　　　　　2% Natronlauge (25%ig)
　　　　　　　　　　　　　　　12% Kochsalz.

Man läßt nach dem Färben den abgewundenen Strang an der Luft hängen und spült dann erst. Unter Umständen kann nachbehandelt[1] werden mit 3% Kaliumbichromat,
　　　　　　　3% Essigsäure (30%ig).

---

[1] Auch hier arbeite man mit 2 Strängchen (wie S. 20), um die ursprüngliche mit der nachchromierten Färbung vergleichen zu können.

Immedialcarbon B (720)

20%	Farbstoff	(lfd. 10%)
20%	Schwefelnatrium	(„ 10%)
5%	Soda	(„ 2%)
20%	Kochsalz	(., 6%).

Nachbehandlung[1] zwecks Vertiefung des Schwarz:

3% Kaliumbichromat
3% Essigsäure (30%ig).

Zur Herstellung von sogenannten lagerechten schwarzen Färbungen, d. h. Schwefelschwarz-Färbungen, die im Laufe einer längeren Zeit keine freie Schwefelsäure bilden, soll sich eignen

Indocarbon CL konz.

10% Farbstoff
30% Schwefelnatrium
10% Soda
4% Monopolseife
40% Kochsalz.

5. Küpenfarbstoffe.

Die allgemeinen Färbemethoden beruhen darauf, daß die in Wasser unlöslichen Farbstoffe in die löslichen Leukoverbindungen übergeführt („verküpt") und diese von der Faser aus den Lösungen aufgenommen werden. Nachdem zunächst eine Zeitlang in der alkalischen Lösung der Leukoverbindung, der „Küpe", vorsichtig umgezogen wurde, wird das Färbegut herausgenommen, von der überschüssigen Färbeflotte durch Abpressen befreit und nun an der Luft hängen gelassen, wobei der Luftsauerstoff die Leukoverbindung in und auf der Faser zu dem ursprünglichen Farbstoff oxydiert. Nun wird gespült, gesäuert, wieder gespült, und schließlich — und dies ist wesentlich für die Erzielung leuchtender, reiner Farbtöne — wird geseift und mit warmem Wasser gewaschen. Sehr empfehlenswert ist es, dem vorgewärmten Wasser des Färbebades vor dem Eintragen des Farbstoffes etwas Alkali und Reduktionsmittel zuzusetzen, um den im Wasser gelösten Sauerstoff aufzubrauchen. Man nennt dies das „Vorschärfen" des Färbebades.

a) Baumwolle.

Alle Küpenfarbstoffe, mit Ausnahme von Indigo, werden nur in der Hydrosulfitküpe gefärbt. Der betreffende Farbstoff wird unter Zusatz von Hydrosulfit und Natronlauge gelöst und in das vorgeschärfte, möglichst kurze Bad gebracht. Man färbt

---

[1] Auch hier arbeite man mit 2 Strängchen (wie S. 20).

1—1½ Std. kalt oder bei 30—60°, quetscht ab, verhängt und spült. Tiefere Töne werden erzielt durch das Färben in Zügen.

Indigo kann auch aus der Eisenvitriol- und der Zinkstaub-Kalkküpe gefärbt werden. Es ist bemerkenswert, daß sich diese Küpen nur für Indigo, für alle anderen Küpenfarbstoffe aber nicht eignen.

Indigo (874)

1. Eisenvitriolküpe.

Der Indigo wird mit gelöschtem Kalk zu einem dünnen Brei angerührt und dann mit Eisenvitriollösung versetzt. Bei 50—60° bleibt diese Mischung 6 Std. unter mehrmaligem, vorsichtigem Umrühren in einem zugedeckten Becherglas stehen: „Stammküpe". Ist die Reduktion beendet so bildet sich an der Oberfläche der Stammküpe infolge der Luftoxydation eine bronzierende Schicht von Indigo, die sogenannte „Blume".

Die Färbeküpe wird mit etwas Eisenvitriol und Kalk vorgeschärft und zum Färben mit der entsprechenden Menge der Stammküpe versetzt.

Gefärbt wird bei gewöhnlicher Temperatur und möglichst unter der Flotte.

Beispiel für die Stammküpe: 1 g Indigo-Pulv. 100% ig
5 g Ätzkalk (dünner Teig)
4 g Eisenvitriol.

Soll in Zügen gefärbt werden, so wird der erstmals unter Zusatz einer geringen Menge der Stammküpe gefärbte und oxydierte Strang abermals in die Färbeküpe gebracht (2. Zug), nachdem man letztere mit einer neuerlichen Menge von Stammküpenansatz versetzt hat. Wiederholt man dasselbe mehrere Male, so spricht man dann vom 3. und 4. Zug usw.

2. Zinkkalkküpe.

Angeteigter Indigo wird mit angeteigtem Zinkstaub zusammen angerührt und hierauf mit einem dünnen Brei von gelöschtem Kalk (warm) versetzt. Die Mischung bleibt in einem zugedeckten Becherglas 6 Std. bei 50° unter gelegentlichem Rühren stehen: Stammküpe. Zum Färben, welches stets bei gewöhnlicher Temperatur vorgenommen wird, schärft man das Wasser der Färbeküpe zunächst mit etwas Zinkstaub und Kalk vor und setzt hierauf von der Stammküpe je nach Bedarf zu.

Beispiel für die Stammküpe: 1 g Indigo Pulv. 100% ig
1 g Zinkstaub
2 g Ätzkalk (dünner Teig).

3. Hydrosulfitküpe.

Der Indigo wird mit Natronlauge angeteigt und hierauf bei 50° das Hydrosulfit (Lösung) zugesetzt: Stammküpe. Auch hier wird das Wasser der Färbeküpe vorgeschärft und hierauf mit der entsprechenden Menge des Stammsatzes versetzt.

Beispiel für die Stammküpe: 4 g Indigo Pulv. 100% ig
20 ccm Natronlauge (24%ig)
40 ccm Hydrosulfitlösung.

Hydrosulfitlösung: 25 g Hydrosulfit konz. i. P.
7 ccm Natronlauge (24 % ig)
125 ccm Wasser.

Gefärbt wird bei gewöhnlicher Temperatur und möglichst unter der Flotte.

Indanthrenfarbstoffe.

Unter diesem Namen faßt die I. G. Farbenindustrie Aktiengesellschaft Küpenfarbstoffe zusammen, deren Färbungen sich durch hervorragende Echtheitseigenschaften auszeichnen. Es sind jetzt aber nicht allein die ältesten Vertreter dieser Gruppe und nahe Verwandte des Indanthren, sondern auch Farbstoffe darunter, die mit demselben hinsichtlich Herstellung und Aufbau nichts zu tun haben, ja auch solche, die sich überhaupt nicht vom Anthrachinon ableiten.

Sie werden im allgemeinen nach 3 Verfahren gefärbt, die sich voneinander durch die Temperatur, sowie durch die angewandten Mengen von Natronlauge und Salz unterscheiden. Der Zusatz an Hydrosulfit (und zwar Hydrosulfit konz., Pulver im folgenden stets nur Hydrosulfit genannt) ist in allen Fällen der gleiche.

Alle Färbungen von Indanthrenfarbstoffen müssen nach dem Färben kochend geseift (2 g Seife in 1 l) oder in kochender 0,2 %iger Sodalösung behandelt werden.

Die Färbebäder werden angesetzt, indem man in das vorbereitete Wasser zuerst die Natronlauge und dann die Hydrosulfitlösung gießt. Zuletzt wird der Farbstoff eingetragen. Farbstoffteige müssen vorher mit Wasser verdünnt, Farbstoffpulver mit Wasser unter Zuhilfenahme eines Netzmittels angeteigt werden.

Da die Farbstoffteige sehr verschiedene Stärken haben, so beziehen sich die Zahlen bei den Beispielen nur auf Farbstoffpulver: 1 g Pulver wird stets in 100 ccm Wasser aufgeschlämmt. Die Hydrosulfitlösung ist dort, wo nichts angegeben, die gleiche, die beim Indigo verwendet wurde.

1. Verfahren (IN).

100 ccm Färbeflotte enthalten 1,5—3 ccm Natronlauge (24 % ig) und 0,1—0,4 g Hydrosulfit. Man färbt ½—¾ Std. bei 50—60 °.

Indanthrenblau R S (837) 4 % ige Färbung auf 5 g Baumwolle[1]
Farbstoff 0,2 g   20 ccm (1 : 100)
Hydrosulfitlösung   5 ccm
Natronlauge (24 % ig) 3 ccm
Temperatur 50—60 °, Dauer 30—45 Min.

---

[1] Auch alle anderen angeführten Küpenfarbstoffe sind auf 5 g Baumwolle zu färben.

Indanthrengelb G (849) Eine 2%ige Färbung wird in derselben Weise ausgeführt, wie beim Indanthrenblau RS schon angegeben, die dort angeführten Mengen müssen natürlich sinngemäß umgerechnet werden.

Indanthrenblau GCD (842) Eine 3%ige Färbung ist genau so wie beim Indanthrenblau RS mit entsprechender Umrechnung der dort angeführten Mengen auszuführen.

2. Verfahren (IW).

100 ccm Färbeflotte enthalten 0,5—0,8 ccm Natronlauge (24%ig), 0,1 bis 0,4 g Hydrosulfit und 0,5—2 g Kochsalz. Man färbt ¾—1 Std. bei 45 bis 50⁰.

Indanthrenbraun BR 2%ige Färbung:
Farbstoff 0,1 g   10 ccm (1 : 100)
Hydrosulfitlösung   2,5 ccm
Natronlauge (24%ig) 0,6 ccm
Kochsalz 1,5 g   15 ccm (10 : 100)
Temperatur 45—50⁰, Dauer 30 Min.

Indanthrengoldorange G (760) Eine 2%ige Färbung ist genau so, wie beim Indanthrenblau RS angegeben, auszuführen. Die anzuwendenden Mengen sind entsprechend umzurechnen.

3. Verfahren (IK).

100 ccm Färbeflotte enthalten ebensoviel Natronlauge und Hydrosulfit wie im 2. Verfahren, jedoch 1—4 g Kochsalz. Man färbt ¾—1 Std. bei gewöhnlicher Temperatur.

Indanthrenbrillantviolett RK (820) 2%ige Färbung:
Farbstoff 0,1 g   10 ccm (1 : 100)
Hydrosulfitlösung   2,5 ccm
Natronlauge (24%ig) 0,6 ccm
Kochsalz 3 g   30 ccm (10 : 100)
Bei gewöhnlicher Temperatur 30—45 Min.

Indanthrenrot BK 3%ige Färbung:
Farbstoff 0,15 g   15 ccm (1 : 100)
Hydrosulfitlösung   4 ccm
Natronlauge (24%ig) 0,6 ccm
Kochsalz 3 g   30 ccm (10 : 100)
Bei gewöhnlicher Temperatur 30—45 Min.

Unter Berücksichtigung der Wichtigkeit eines echten Küpenschwarz auf Baumwolle sei noch empfohlen das nach einer besonderen Vorschrift gefärbte

Indanthrenschwarz BGA 7,5%ige Färbung:
Farbstoff 0,4 g 40 ccm (1 : 100)
Hydrosulfitlösung 10 ccm
Natronlauge (24%ig) 4,5 ccm
Temperatur 60—80°, Dauer 45 Min.

Die so erhaltene grüne Färbung muß noch oxydiert werden, um das Schwarz zu entwickeln. Man quetscht sie zunächst ab und spült in hydrosulfithaltigem Wasser (0,1 g in 1 l). Jetzt oxydiert man in Hypochloritlösung (2 g aktives Chlor in 1 l) oder in einer angesäuerten Nitritlösung. Schließlich·wird gewaschen und heiß geseift.

Algolfarbstoffe.

Diesen Namen führen Küpenfarbstoffe der I. G. Farbenindustrie Aktiengesellschaft, deren Färbungen die Echtheit jener der Indanthrenfarbstoffe nicht ganz erreichen.

Sie werden meist nach besonderen Verfahren (Stammküpenverfahren), manche auch nach den drei bei den Indanthrenfarbstoffen geschilderten allgemeinen Verfahren gefärbt. Die Färbungen werden ebenso wie die der Indanthrenfarbstoffe in kochender Sodalösung oder Seifenlösung behandelt.

Algolbrillantgrün 5 G 3,5%ige Färbung:
Farbstoff 0,17 g 17 ccm (1 : 100)
Hydrosulfitlösung 5 ccm
Natronlauge (24% ig) 0,5 ccm
Temperatur 50 bis 60°, Dauer 30—45 Min.
(Verfahren I N).

Algolrot 5 B (912) 4%ige Färbung:
(Thioindigo) Farbstoff 0,2 g 20 ccm (1 : 100)
Hydrosulfitlösung 5 ccm
Natronlauge (24% ig) 3 ccm
20 Min. bei 30° gefärbt.

Ausnahme: darf nur bei 60° geseift werden! Vorteilhaft ist es, den Farbstoff nur mit ⅓ der Flottenmenge zu verküpen, sich also eine Art „Stammküpe" anzusetzen und diese dann vor dem Färben auf das Flottenverhältnis 1 : 20 zu verdünnen.

Algolviolett RR (920) 4%ige Färbung:
Ausführung und Mengenverhältnis wie bei Algolrot, doch färbt man 30 Min. bei 50°.

Algolscharlach 3 B (907)   4%ige Färbung:
Ausführung und Mengenverhältnisse wie bei
Algolrot, doch färbt man 30 Min. bei 50⁰.

Hydronblau G (748) entweder: 6% Farbstoff   30 ccm (1:100)
30% Schwefelnatrium   15 ccm (10:100)
15% Soda   7,5 ccm (10:100)
5% Hydrosulfit   13 ccm (2:100)
oder: 6% Farbstoff   30 ccm (1:100)
20% Natronlge. (24%ig) 10 ccm (10:100)
15% Hydrosulfit   40 ccm (2:100)

Man färbt bei 50—60⁰ während ¾ Std., quetscht ab und wäscht
dann zunächst kalt, dann ein- bis zweimal heiß. Nun wird in einer 2%igen
Natriumperboratlösung bei 70⁰ 30 Min. lang nachbehandelt.

b) Kunstseide.

Die „Indanthrenfarbstoffe" und „Algolfarbstoffe" sind für
Kupferseide und Viskoseseide in Anwendung. Beispiele werden
hier nur mit Indanthrenfarbstoffen angegeben. Diese werden auf
Celluloseseiden so wie auf Baumwolle gefärbt. Es sind dabei nur
einige Abweichungen zu beachten.

Das Flottenverhältnis soll 1:30 betragen. Damit die
Kunstseide sich langsam und gleichmäßig färbe, verzögert
man die sonst rasch verlaufende Aufnahme des Leukofarbstoffes
durch Zusatz eines Kolloids zur Küpe. Man kann z. B. 0,2 g
Leim und 0,2 g Monopolseife für 100 ccm Küpe anwenden. Das
Seifen der Färbungen darf nicht kochend, sondern soll bei
70—80⁰ erfolgen.

In den folgenden Übungsbeispielen wird immer nur die Stärke
der Färbungen und das Verfahren angegeben, alles übrige kann
aus den bei der Baumwolle erläuterten Beispielen ersehen werden.

Indanthrenblau 3 G   1,2%ige Färbung.
Verfahren I N.

Indanthrenbrillantgrün 4 G 2,5%ige Färbung.
Verfahren I N.

Indanthrenrot GG   4%ige Färbung.
Verfahren I W.

Indanthrenbrillantviolett RK

1,5%ige Färbung.
Verfahren I K.

c) Wolle.

Trotzdem man sehr echte Färbungen auf Schafwolle mit Hilfe
der sauer ziehenden Farbstoffe oder der Beizenfarbstoffe zu erzeugen vermag, haben neben dem seit alters her angewandten
Indigo doch auch die neuzeitlichen Küpenfarbstoffe im Laufe
der letzten Jahre in der Schafwollfärberei eine beachtliche Bedeutung erlangt. Die deutsche Farbenindustrie hat die für die
Schafwolle sich eignenden Küpenfarbstoffe unter dem Namen
,,Helindonfarbstoffe" vereinigt. Es sind dies vorwiegend indigoide
Farbstoffe.

Sie und Indigo werden fast ausschließlich in der Hydrosulfitküpe gefärbt, die alte Gärungsküpe (Sodaküpe, Waidküpe) ist
nur noch vereinzelt für Indigo in Gebrauch.

Hydrosulfitküpe (,,Ammoniak-Leim-Küpe"): Das Färbebad wird auf 50° erwärmt und mit Ammoniak schwach alkalisch
gemacht. Hierauf wird etwas Hydrosulfit zugesetzt (,,man schärft
vor"). Neben dem Ammoniak ist hier der Zusatz eines Schutz-
kolloids wesentlich, um das Ausfallen der schwerlöslichen Leukoverbindungen (Küpensäuren) in den schwach alkalischen Küpen
zu verhindern. Als Schutzkolloid wird Leim verwendet, den man
nach dem Verschärfen zusetzt. Dann fügt man je nach der Tiefe
der gewünschten Färbung die nötige Menge von Stammküpe
hinzu, rührt vorsichtig um, hält die Temperatur je nach dem
Charakter des Farbstoffes zwischen 50—65°, färbt 20—30 Min.
lang, quetscht ab und läßt an der Luft oxydieren. Schließlich wird
mit kaltem Wasser gewaschen.

Indigo (874)   3%ige Färbung auf 5 g Schafwolle[1].

Das Färbebad wird vorgeschärft, mit 3% Ammoniak (25%ig) und 3% Leim versetzt. Dann fügt man 15 ccm (= 0,15 g Farbstoff) der Stammküpe zu und färbt 30 Min. bei 50—65⁰.

Stammküpe: 1 g Indigo wird mit 30 ccm Wasser und etwas Alkohol unter Zusatz von 1 ccm Natronlauge (35%ig) angeteigt und bei 55⁰ mit 1,5 g Hydrosulfit verküpt. Hierauf füllt man mit vorgeschärftem Wasser auf 100 ccm auf (Verfahren HN).

Helindonbrillantgelb G   5%ige Färbung (= 25 ccm Stammküpe).

Stammküpe: 1 g Farbstoff
1 g Monopolseife
30 ccm Wasser
2 ccm Natronlauge (35%ig)
1,4 g Hydrosulfit.

Temperatur: 55⁰; dann auf 100 ccm aufgefüllt.

Man färbt genau so wie beim Indigo (Verfahren HN).

Helindonblau 3 G   3%ige Färbung (= 15 ccm Stammküpe).

Stammküpe: 1 g Farbstoff
1 g Monopolseife
30 ccm Wasser
1,6 ccm Natronlauge (35%ig)
1 g Hydrosulfit.

Temperatur 50⁰; dann auf 100 ccm aufgefüllt.

Man beschickt das Färbebad wie bei Indigo und färbt bei 60—65⁰ (Verfahren HW).

Helindonorange R (913)   5%ige Färbung (= 25 ccm Stammküpe).

Stammküpe: 1 g Farbstoff
1 g Monopolseife
30 ccm Wasser
1,8 ccm Natronlauge (35%ig)
1 g Hydrosulfit.

Temperatur 80—90⁰; dann auf 100 ccm aufgefüllt.

Man färbt bei 60—65⁰ (Verfahren HW).

6. Beizenfarbstoffe.

Die allgemeinen Färbemethoden berücksichtigen die bereits (S. 10) erwähnte Tatsache, daß die Beizenfarbstoffe zu ihrer Befestigung auf der Faser einer Beize bedürfen, durch welche Metalloxyde auf der Faser niedergeschlagen werden, die sich

---

[1] Auch die Färbungen der Helindonfarbstoffe sind auf 5 g Strängchen auszuführen.

dann mit den Farbstoffen zu Farblacken (inneren Komplexsalzen) verbinden. Es kommen hauptsächlich in Anwendung
Tonerde-, Chrom-, Eisen-, Zinn- und Kupfersalze, deren Oxyde
mit den Farbstoffen farbige Lacke bilden.

Die Beizenfarbstoffe werden sowohl auf Wolle als auch
auf Baumwolle angewendet.

a) Baumwolle.

Die wichtigste Anwendung der Beizenfarbstoffe ist die des
Alizarins und der diesem nahestehenden Trioxy-anthra-
chinone beim Färben von

Türkischrot.

Nach ursprünglich sehr langwierigen (Altrot), später wesentlich abgekürzten (Neurot) Verfahren wird Türkischrot gefärbt.
Die Neurotverfahren unterscheiden sich durch die Anwendung
von sog. „Türkischrotöl" (einem mit Schwefelsäure behandelten
Rizinusöl) grundsätzlich von den Altrotverfahren, welche mit
ranzigem Olivenöl arbeiten.

Allen diesen Verfahren sind drei Hauptzüge gemeinsam:

1. Behandlung mit fettem Öl;
2. Beizen mit (Gerbstoff und) Tonerdesalzen;
3. eigentlicher Färbevorgang und Entwicklung des Farblackes.

Die Grundlage der fertigen Färbung ist ein komplexsalz-
artiger Farblack, ein Tonerde-Kalk-Alizarat von der Zusammensetzung $(C_{14}H_6O_4)_3Al_2Ca(OH)_2$ (A. Rosenstiehl, L. Liechti
und W. Suida). Türkischrot wird aber auch aufgefaßt als eine
Komplexverbindung, die Fett, Tonerde, Kalk und Alizarin in
einem bestimmten Verhältnis enthält (Fr. Kornfeld). Man kann
sich jedoch die Bildung des Türkischrots auch so vorstellen, daß
in einem basischen Aluminiumsalz der Rizinusölsäure von der
Zusammensetzung $(C_{18}H_{33}O_3)_2Al_2(OH)_4$ ein Teil der Hydroxylgruppen durch Alizarin abgesättigt wird (M. Fischli).

Altrot [1].

Für 130 g Baumwollgarn roh Nr. 20 oder ebensoviel Baumwollgewebe.

1. Abkochen.

In etwa 2 l einer Sodalösung von 1° Bé (6,8 g calcinierte Soda in
1 l Wasser) kocht man die Probe 6 Std. lang. Dabei soll die Baumwolle

---

[1] Die Beaumé-Grade sind hier und in der Schilderung des Neurots
und des Gemischtrots beibehalten worden, weil meistens die Konzentra-
tion in Gewicht und Volumen unzweideutig neben den Beaumé-Graden
angeführt ist.

stets unter der Flüssigkeitsoberfläche und das Kochgefäß (aus Porzellan oder emailliertem Eisen) bedeckt bleiben. Hierauf wird gewaschen und getrocknet.

2. Ölen (Behandlung mit Tournantöl).

Olivenöl besteht hauptsächlich aus den Triglyceriden der Öl-, Palmitin- und Stearinsäure. An der Luft zersetzt es sich in freie Säure und Glycerin und wird ranzig (unangenehmer Geruch und Geschmack, saure Reaktion). Ein solches ranzig gewordenes Olivenöl 2. Pressung ist das Tournantöl (huile tournante; „tourner" intransitiv gebraucht = sauer werden), welches demnach freie Ölsäure enthält.

Man tränkt die Faser in geeigneter Weise mit Tournantöl, verhängt dann an der Luft und trocknet hierauf bei erhöhter Temperatur. Hierbei dürfte die Zersetzung in Ölsäure und in Glycerin weiter fortschreiten, gleichzeitig aber auch eine Oxydation eintreten. Durch das heiße Trocknen wird die Oxydation beschleunigt. Die entstehenden Oxydationsprodukte sind Oxyfettsäuren, nämlich Oxyölsäure, Oxystearinsäure. Sie sind die wirksamen Bestandteile der Ölbeizen, die, bei mehrmaliger Wiederholung dieser Behandlung, nach dem Trocknen unlöslich mit der Faser verbunden bleiben.

a) Ölzüge. In 950 ccm einer wässerigen Pottaschelösung, welche 41 g technische Pottasche enthält, rührt man 50 ccm Tournantöl ein. Die Mischung, die „Ölpassierbrühe", soll 7 ° Bé zeigen. Aus dieser milchigen Emulsion wird das Öl besonders leicht von der Baumwollfaser aufgenommen; mit ihr wird das Garn folgendermaßen behandelt: Es wird in der Ölemulsion umgezogen, bis es gründlich durchtränkt ist. Daraufhin windet man bis zu einer Gewichtszunahme von 120% (also auf 286 g) ab. Jetzt wird es einige Stunden lang an die freie Luft gehängt und dann während längerer Zeit in einem Trockenschrank bei 62—68 ° getrocknet.

Mit dem gleichen Ölansatz wird das einmal geölte und getrocknete Garn noch einmal ebenso behandelt und wieder in der gleichen Weise getrocknet. Schließlich wiederholt man dieselbe Arbeit mit dem zweimal geölten und getrockneten Garn noch ein drittes Mal.

b) Klarzüge. Für den 1. Klarzug wird die „Klarzugbrühe" bereitet, indem man den vom 3. Ölzug verbleibenden Ölansatz verdünnt mit 500 ccm einer wässerigen Pottaschelösung, welche 17 g Pottasche enthält. Darin behandelt man das dreimal geölte und getrocknete Garn genau so wie beim Ölen. Hierauf wird es ebenso wie dort an die freie Luft gehängt und im Schrank bei 62—68 ° getrocknet. Für den 2. Klarzug wird der Ansatzrest des 1. Klarzuges wieder mit 500 ccm einer 17 g Pottasche enthaltenden wässerigen Pottaschelösung verdünnt. In diesem Ansatz wird das Garn in gleicher Weise behandelt, dann an die Luft gehängt und endlich getrocknet.

3. Auslaugen.

Das Auslaugen bezweckt die Entfernung von überschüssigem, noch nicht durch Oxydation unlöslich gewordenem Öl.

Das geölte Garn wird lose und derart in Wasser eingelegt, daß es von diesem eben bedeckt ist. Es bleibt 4 Std. darin. Dann windet man es bis zu einer Gewichtszunahme von 90% ab. Jetzt wird es ebenso wie das geölte Garn bei 62—68° getrocknet. Man legt es hierauf abermals, aber noch loser wie das erste Mal unter Wasser ein. Nachdem es 4 Std. darin verblieben war, wird es gut ausgewunden und der weiteren Behandlung naß zugeführt.

4. Gerbstoffbehandlung (Gallieren oder Schmacken).

Sie hat den Zweck, Gerbsäure in die Faser einzuführen und letztere zu befähigen, beim nachfolgenden Beizen mit Aluminiumsulfat mehr Tonerde anzuziehen. Ob die Gerbsäure an der Bildung des Farblacks überhaupt teilnimmt, ist ungewiß. Als Gerbstoff verwendet man in der Türkischrotfärberei mit Vorliebe Sumach. Sumach oder Schmack sind die getrockneten, zermalmten Stiele und Blätterstaub ausländischer Pflanzen (z. B. Rhus coriaria u. a.). Der Sumach enthält etwa 20% Gerbstoff, und zwar einen Pyrogallol-Gerbstoff. An Stelle von Sumach oder Sumachextrakt kann natürlich auch Tannin zur Anwendung kommen. 1 kg Sumachblätter = 0,5 kg Sumachextrakt von 36° Bé = 250 g Tannin.

Die Gerbstofflösung wird in der Weise hergestellt, daß man 10 g Sumach dreimal nacheinander mit je 500 ccm Wasser jedesmal 1 Std. lang auskocht, den Filtrierrückstand mit 1 l warmem Wasser nachwäscht und das Waschwasser zu den vereinigten Filtraten der drei Auskochungen hinzufügt. Dies ergibt 2,5 l Gerbstofflösung. Frisch bereitet kommt sie zur Anwendung.

In 1 l Gerbstofflösung wird nach dem 2. Auslaugen das noch feuchte Garn gut durchtränkt, eingelegt und über Nacht darin gelassen. Früh windet man es gut ab. Soll später Rosa gefärbt werden, so nimmt man an Stelle von Sumach Tannin. Sumach enthält nämlich einen gelben Farbstoff, und dieser färbt das Garn gelb, wodurch das Rosa beeinflußt werden könnte. Für Rot aber hat der gelbliche Untergrund keine Bedeutung.

5. Beizen mit Tonerde.

In dieser Arbeit wird das eine der zur Bildung des roten Farblackes erforderlichen Metalle, nämlich das Aluminium, in der Weise gebunden, daß die Bildung basischer Aluminiumsalze der durch das Ölen auf der Faser fixierten Oxyfettsäuren erfolgt. Das zweite, das Calcium, braucht nicht vor dem Färben befestigt zu werden. Man verwendet basische Tonerdesulfate, die aus schwefelsaurer Tonerde durch Abstumpfen mit Soda hergestellt werden. Die Basizität der Beize richtet sich nach der Härte des verfügbaren Wassers, nach der Art des Ölens usw.

Die erforderliche Lösung von basisch-schwefelsaurer Tonerde bereitet man wie folgt: Man löst 500 g schwefelsaure Tonerde (18% Al_2O_3) in

750 ccm Wasser und 45 g calcinierte Soda in 250 ccm Wasser. Damit beim Abstumpfen starkes Aufschäumen vermieden wird, setzt man die Sodalösung nur allmählich zur Lösung des Aluminiumsulfates hinzu. Dann läßt man über Nacht stehen und zieht hierauf die klare Lösung ab; bevor man sie verwendet, stellt man sie mit Wasser auf 4° Bé ein. Das mit Gerbstoff vorgebeizte Garn netzt und tränkt man gründlich mit dieser Lösung und läßt es dann über Nacht in ihr liegen. Nunmehr herausgenommen, wird es gut gewaschen und abgewunden und ist dann zum Färben bereit.

6. Färben.

Zur Entstehung des Farblackes Türkischrot ist nicht nur der Farbstoff (Alizarin), sondern auch die Gegenwart von Calciumsalzen im Färbebad unentbehrlich. Beim Färben treten die durch das vorangegangene Beizen auf der Faser niedergeschlagenen unlöslichen Aluminiumsalze der Oxyfettsäuren mit Alizarin und Calcium (Calciumalizarat) zu einer Komplexverbindung zusammen. Dort wo der natürliche Kalkgehalt des Wassers hinreicht, braucht dem Färbebad Calcium nicht zugesetzt zu werden. Wo dies nicht der Fall ist, hilft man mit Kreide oder Calciumacetat nach.

Die Färbeflotte, deren Menge wie üblich (also etwa 20fach) bemessen wird, enthält für ein sattes Rot:

> 16,2 g 20%iges Alizarin (2,5% Farbstoff),
> 300 ccm gesättigtes Kalkwasser,
> 12 ccm Gerbstofflösung (s. S. 49).

Man geht bei 20° ein und zieht ½ Std. bei dieser Temperatur um. Im Laufe von 1½ Std. und unter andauerndem Umziehen erwärmt man allmählich bis zum Sieden. Nun wird die Baumwolle vollständig in die Färbeflotte versenkt und letztere 20 Min. lang gekocht. Hierauf wird gut gewaschen.

Für Rosa genügen 2,1 g 20%iges Alizarin (0,32% Farbstoff).

Was die Auswahl des Alizarins anbelangt, so kommen zwei Handelsmarken in Betracht:

Alizarin V (violett) oder Nr. 1 (778) ist das reinste Alizarin (1, 2-Dioxy-anthrachinon) des Handels. Man verwendet es für klare zarte Türkischrosas, für blaustichiges Rot und — auf Eisenbeize — für Violett.

Alizarin G (gelb) (784 und 785) ist in der Hauptsache ein Gemenge von Flavopurpurin (1, 2, 6-Trioxy-anthrachinon) und von Isopurpurin (1, 2, 7-Trioxy-anthrachinon) nebst etwas Alizarin. Man bedient sich seiner zur Erzeugung von feurigem (gelbstichigem) Rot. Es liefert kein schönes Rosa.

Durch Mischung der Handelsmarken V und G ist man in der Lage, jede Tonart von Türkischrot zu färben.

7. Abklären (Avivieren).

Das gefärbte Garn ist trübe, fast bräunlich rot. Das leuchtende Türkischrot wird erst beim Abklären entwickelt. Hierbei soll nach Fr. Kornfeld nur der Fettsäurerest des im Färbebad entstandenen Farblackes unter Anhydridbildung geändert werden.

Zu diesem Zweck wird das Garn nach dem Färben in einer 10%igen Sodalösung 4 Std. lang gekocht und dann gewaschen. Hat man einen kleinen Druckkochkessel zur Verfügung, so genügt ein kürzeres Abklären in einer verdünnteren Sodalösung unter einem Überdruck von ¼ Atm.

8. Säuern.

Zur Entfernung etwa gebildeter Kalkseife durchtränkt man die abgeklärte Garnprobe mit einer wässerigen Lösung, die in 1 l 7 ccm einer 30%igen Essigsäure enthält, läßt dann in dieser Lösung 6 Std. liegen, windet aus und wäscht.

9. Zinnsalzbad.

Türkischrot gewinnt an Feuer, wenn man vor dem Seifen ein Zinnsalzbad einschaltet. Dieses enthält 1 g Zinnsalz $(SnCl_2 . 2 H_2O)$ in 1 l Wasse- und ist 38° warm. Das Garn wird 6 Std. in diesem Bad liegen gelassen

10. Seifen (Rosieren).

In einem kochenden Seifenbad, welches auf 150 g türkischroter Baumwolle 5 g guter Kernseife enthält, wird das Garn 1—2 Std. belassen. Nach dem Seifen wird gut gewaschen und schließlich getrocknet.

Neurot.

Für 110 g Baumwollgarn| roh Nr. 20 oder ebensoviel Baumwollgewebe.

1. Abkochen.

Es erfolgt schärfer als beim Altrot. Die dort verwendete 1%ige Sodalösung wird durch Zusatz von calcinierter Soda und von etwas gepulvertem Kolophonium auf 4° Bé eingestellt und darin das Garn 6 Std. gekocht. Hierauf wäscht man es und legt es für 3 Std. in eine 0,25%ige Schwefelsäurelösung, wäscht abermals und bringt es dann für 3 Std. in eine kochende 2°ige Sodalösung. Nun wird abermals gespült.

2. Ölen (Behandlung mit Türkischrotöl).

Türkischrotöl wird durch Einwirkung von konz. Schwefelsäure auf Rizinusöl gewonnen, so wie es weiter unten beschrieben ist. Den Hauptbestandteil des Rizinusöls bildet das Triglycerid der Rizinusölsäure $C_{17}H_{32}{<}^{OH}_{COOH}$, einer Oxyölsäure.

Dieses Triglycerid liefert bei der Verseifung (mit konz. Schwefelsäure oder mit Hilfe von Alkalien) die freie Säure. Bei Bereitung des Türkischrotöls aus Rizinusöl und Schwefelsäure werden nun nicht nur Oxyölsäure (die Rizinusölsäure) und andere Oxyfettsäuren in Freiheit gesetzt, sondern es werden gleichzeitig die alkoholischen Hydroxylgruppen dieser freien Säuren durch die Schwefelsäure verestert. Demnach sind Türkischrotöle aufzufassen als Gemische von Verbindungen verschiedener organischer Säuren mit dem Radikal der Schwefelsäure. Gemische von Estern der Rizinusölschwefelsäure mit Rizinusölsäure, Oxystearinsäure und unverändertem Rizinusöl werden neben Glycerin den Hauptbestandteil bilden.

Es sind also keine Sulfosäuren, etwa $C_{17}H_{31}{<}^{SO_3H}_{-COOH}_{OH}$ im Türkischrotöl enthalten, wohl aber unbeständige Schwefelsäureester von Oxyfettsäuren (bzw. ihre Ammoniumsalze) z. B. $C_{17}H_{32}{<}^{OSO_3H}_{COOH}$. Diese letzteren werden sehr leicht in ihre Bestandteile Schwefelsäure und Oxysäure zerlegt. Die aus dem Tournantöl erst durch lange dauernde Luftoxydation sich bildenden Oxyfettsäuren sind also im Türkischrotöl in Form ihrer unbeständigen Schwefelsäureester schon vorhanden. Dieses ist der Vorteil der Anwendung von Türkischrotöl: Man tränkt die Garne oder Stücke in geeigneter Weise mit Türkischrotöl und trocknet sie daraufhin sofort bei erhöhter Temperatur. Hierbei erfolgt die Spaltung, z. B. in freie Rizinusölsäure (Oxyölsäure) und schwefelsaures Ammoniak. Die Oxyölsäure ist dann derart innig mit der Baumwollfaser verbunden, daß man mit Wasser wohl Ammoniumsulfat, nicht aber die Oxyölsäure abwaschen kann.

Bereitung von Türkischrotölen. Zu 250 g Rizinusöl läßt man unter Umrühren und unter Vermeidung merklicher Erwärmung 50 g konz. Schwefelsäure langsam zufließen. Das Gemisch bleibt 24 Std. stehen. Nach Ablauf dieser Zeit fügt man entweder 1,75 l Wasser von 40° hinzu, vermischt Öl und Wasser gut und läßt wieder 24 Std. stehen. — Hiernach wird die saure wässerige Lösung abgezogen und das zurückbleibende Öl mit 250 ccm konz. Ammoniak und 60 ccm Wasser versetzt: Türkischrotöl I —, oder man rührt in das Gemisch sehr vorsichtig (Aufschäumen!) eine Lösung von 44 g Soda in 335 ccm Wasser ein und läßt wieder 24 Std. stehen. Hiernach zieht man die wässerige Natriumsulfatlösung ab und versetzt das zurückbleibende Öl mit 12,5 ccm konz. Ammoniak und 85 ccm Wasser. Dies gibt das Türkischrotöl II. Die Öle I und II müssen in Wasser klar löslich sein.

Der Ölzug. Eine Lösung von 3 g Zinnsoda (Natriumstannat $Na_2SnO_3 . 3 H_2O$) in 500 ccm Wasser wird mit 250 g Türkischrotöl I vermischt und in dieser Mischung das Garn gut umgezogen. Hierauf wird es ausgewunden und sogleich in den 68° warmen Trockenschrank gebracht. Dort bleibt es einige Stunden.

3. Beizen mit Tonerde.

Im Neurotverfahren wird mit essigsaurer Tonerde, und zwar in Form von basischen Doppelsalzen der Tonerde, mit Essigsäure und Schwefelsäure gearbeitet.

Die Lösung eines derartigen Acetosulfates wird wie folgt hergestellt: Man löst in der Wärme 250 g Aluminiumsulfat in 1500 ccm Wasser und läßt die Lösung erkalten. Andererseits rührt man 19 g Kreide mit 150 ccm Wasser von 40° an. Diese Aufschlemmung setzt man langsam zur Lösung und läßt über Nacht stehen. Morgens wird filtriert und das Filtrat mit 500 ccm einer wässerigen Sodalösung, die 70 g calcinierte Soda enthält, allmählich versetzt. Die so entstehende Fällung von Tonerdehydrat wird durch 100 ccm Essigsäure 30%ig (unter Umständen auch mehr) wieder in Lösung gebracht.

Mit dieser Lösung wird das ölgebeizte, eben aus dem Trockenschrank kommende Garn gründlich durchtränkt, dann gut abgewunden und bei 30° getrocknet. Das trockene gebeizte Garn wird in 1 l einer 60—65° warmen wässerigen Aufschlemmung von 10 g Kreide umgezogen und endlich gut ausgewaschen.

4. Färben.

Das Färbebad enthält für ein volles Rot 13,7 g 20%iges Alizarin (2,5% Farbstoff) und sonst nichts. Für Rosa genügen 1,7 g 20%iges Alizarin (0,32% Farbstoff). Was die Auswahl des Alizarins anbelangt siehe beim Altrot S. 50.

Man beginnt mit dem Färben bei gewöhnlicher Temperatur, erwärmt die Flotte langsam bis 68° und zieht so lange um, bis darin kein Alizarin mehr nachzuweisen ist. Darauf gießt man 5 g Türkischrotöl I in das Bad und zieht noch einige Male um, windet dann ab und trocknet langsam bei 45°.

5. Dämpfen.

Es erfüllt denselben Zweck wie das Abklären des Altrots. Die gefärbte Garnprobe wird 3—4 Std. bei einem Überdruck von 0,5 Atm. gedämpft und hierauf gut gewaschen.

6. Seifen.

Das gedämpfte Neurot wird in einem 75° warmen Seifenbad (in 2 l Wasser 30 g gute Kernseife) etliche Male umgezogen, dann gewaschen und getrocknet.

Gemischtrot.

Für 190 g Baumwollgarn roh Nr. 20 oder ebensoviel Baumwollgewebe.

Abkochen.

Wie beim Altrot.

Ölen.

In 1080 ccm einer wässerigen Pottaschelösung, welche 27 g technische Pottasche enthält, werden 70 g Türkischrotöl II eingerührt. Die Mischung soll 5° Bé zeigen. Das Garn wird damit einmal ebenso behandelt wie es beim Altrot (1. Ölzug) geschildert wurde. Dann wird es aber, ohne

an die freie Luft gehängt werden zu müssen, sofort im Schrank bei 62 °
getrocknet.

Im nun folgenden 2. Ölzug wird Tournantöl angewendet; er vollzieht sich — auch hinsichtlich des Trocknens — genau so wie der 1. Ölzug
im Altrotverfahren.

Für den 3. Ölzug verwendet man wieder den obigen Ansatz des 1. Öl-
zugs, d. h. also Türkischrotöl, und verfährt genau wie beim 1. Ölzug.

Das Auslaugen, die Gerbstoffbehandlung, das Beizen
mit Tonerde, das Färben (für Rot 24 g 20%iges Alizarin = 2,5%
Farbstoff, 420 ccm Kalkwasser, 17 ccm Gerbstofflösung), Abklären,
Säuern, das Zinnsalzbad und das Seifen erfolgen ebenso
wie beim Altrotverfahren.

b) Wolle.

1. Färben auf vorgebeizter Wolle.

Alaunbeize: Man bestellt das Bad mit   10% Alaun
                                     3% Weinstein
                                     2% Oxalsäure,

geht mit dem Garn in der Kälte ein und treibt innerhalb 1 Std. zum
Kochen. Hierauf wird leicht gespült und dann ausgefärbt mit

                 2% *Alizarin* (778, 783, 785)
                 2% Tannin
                 2% Calciumacetat.

Man geht bei gewöhnlicher Temperatur ein, treibt unter gutem Hantieren
in 1 Std. zum Kochen, kocht 1½ Std., spült und trocknet.

Chrombeize: Ansudverfahren: Kochen der Wolle in dem
betreffenden Metallsalzbad unter Zusatz von Säure (z. B. Weinstein, technischer Milchsäure), waschen, ausfärben im frischen Bad.

Man benützt zum Beizen der Wolle immer Bichromat.
Beim Ansieden bilden sich auf der Wolle Chromiverbindungen.
Daher empfiehlt es sich, solche organische Säuren dem Kalium-
bichromat zuzusetzen, welche oxydierbar sind bzw. reduzierend
wirken, andernfalls findet die Reduktion der Chromsäure auf
Kosten der Wolle statt.

Beispiele: Es werden 10 g Wolle (in 2 Strängchen)

        entweder mit   3% Kaliumbichromat
                    2,5% Weinstein
          oder mit   3% Kaliumbichromat
                    3% Milchsäure
                    1,5% Schwefelsäure

derart behandelt, daß man bei 40 ° eingeht, zum Kochen treibt und 1 Std.
kocht. Nun wird gut gespült und ausgefärbt: 1 Strängchen mit 2% *Alizarin* (genau wie oben, aber ohne Calciumacetat und ohne Tannin in
mit Essigsäure korrigiertem oder destilliertem Wasser). 1 Strängchen mit
2% *Alizarinblau* (803).

Schöne Ausfärbungen ergeben auch:

Alizarinrot 1 WS (780).
Anthracenblau WR (789).
Alizarinorange G (779).

2. Färben nach dem Einbadverfahren.
(Nachchromieren.)

Man färbt zuerst unter Zusatz von Essigsäure und Glaubersalz und versetzt schließlich das Bad mit Kaliumbichromat oder Chromfluoridlösung.

Alizarin 1 WS (780)

> 2%ige Färbung.
> 2—4% Essigsäure (30%ig)
> 10% Glaubersalz
> 1% Kaliumbichromat.
>
> Man geht bei 50—60° ein, bringt langsam zum Kochen und erhitzt ¾ Std.
> Das Erschöpfen des Bades fördert man

durch weitere 1—3% Essigsäure (30%ig). Hierauf nimmt man den Strang heraus, kühlt auf 70° ab, setzt das Chromsalz zu und kocht noch ½—¾ Std.

7. Entwicklungsfarben.

Sie kommen nur für Baumwolle und Kunstseiden in Betracht.

Anilinschwarz (922).

1. Einbadschwarz oder Direktanilinschwarz.

Es wird durch Oxydation des Anilins erhalten: Man beschickt ein Färbebad mit Anilinsalz und Schwefelsäure, setzt das Garn auf und fügt nun Kaliumbichromatlösung (Oxydationsmittel) innerhalb 2 Std. nach und nach hinzu. Dann bleibt die Baumwolle noch 1 Std. auf dem kalten Bad, und schließlich erwärmt man bis auf 60°. Je langsamer das Anilinschwarz (Nigranilin) niedergeschlagen wird, desto bessere Färbungen werden erzielt. Nach dem Färben wird gut gewaschen und geseift. Ist das Schwarz nach dem Färben noch grünlich, so kann man es mit Bichromat und Schwefelsäure nachoxydieren.

Übungsbeispiel.

Lösung A: In 200 ccm Wasser werden gelöst
    2,5 g Anilinsalz
    1 ccm Schwefelsäure konz.
    2,5 ccm Salzsäure konz.

Lösung B: In 150 ccm Wasser werden gelöst
    4,5 g Kaliumbichromat.

Für 5 g Baumwolle mischt man 40 ccm der Lösung A und 30 ccm der Lösung B, füllt mit Wasser auf 100 ccm, bringt die Baumwolle hinein und hantiert ½ Std. kalt, ½ Std. bei 50° und ½ Std. bei 80—90°. Schließlich wird geseift (4 g Seife 1 l Wasser).

2. Oxydationsschwarz.

Es ist für die Technik wichtiger als das Einbadschwarz. Man tränkt das Baumwollgarn gleichmäßig mit einer Lösung (I) von Anilinsalz unter Zusatz eines Oxydationsmittels, eines Sauerstoffüberträgers (Kupfervitriol) und bisweilen unter Zusatz eines hygroskopischen Salzes (Chlorammonium oder Chlormagnesium). Dann wird möglichst rasch bei gewöhnlicher Temperatur getrocknet und hierauf bei 35—60° in einem feuchtwarmen Raume so lange oxydiert, bis die Strängchen schwärzlich grün geworden sind. Durch eine nachfolgende Behandlung in einer sauren Lösung (II) von Bichromat und etwas Anilinsalz werden sie vollends schwarz und unvergrünlich gemacht.

Übungsbeispiel.

Lösung I: In 85 ccm Wasser sind gelöst

> 11 g Anilinsalz
> 0,6 g Kupfersulfat
> 1,8 g Natriumchlorat
> 0,5 g Ammoniumchlorid.

Man löst jeden Bestandteil für sich auf und vermischt erst unmittelbar vor dem Beginn des Imprägnierens unter Zusatz von etwas essigsaurer Tonerde. Die Lösung soll neutral reagieren. Nun wird das Garnsträngchen einige Minuten umgezogen, gut abgequetscht und sofort getrocknet. In diesem Zustand oxydiert man nun die Probe bei 50° in einem mit feuchter Luft gefüllten Trockenschrank.

Lösung II: In 100 ccm Wasser werden gelöst

> 3 g Kaliumbichromat
> 0,1 ccm Schwefelsäure konz.
> 1 g Anilinsalz.

In dieser Lösung wird das grüne Garn bei 40° einige Minuten umgezogen und darauf mit Wasser sehr gut ausgewaschen.

Schließlich seift man bei 60° in einem Bad, welches 2 g Seife und 0,5 g Soda in 1 l enthält.

Paranitranilinrot (56).

Es führt auch den Namen Pararot oder Eisrot. Es gehört zu den eigentlichen Entwicklungsfarben, die durch Niederschlagen von unlöslichen Farbstoffen auf der Faser gebildet werden. Außer Pararot gehören hierher β-Naphthylaminbordeaux, Dianisidinblau, Benzidinbraun usw. Alle diese Farben sind billig, lichtecht, infolge des Fehlens von Sulfo- und Carboxylgruppen unlöslich und infolge ihrer Unlöslichkeit wasch- und wasserecht.

Das allgemeine Verfahren besteht in folgendem:

Das Baumwollgarn wird mit alkalischer β-Naphthollösung getränkt, dann getrocknet und schließlich mit dem diazotierten Amin (im Falle des Pararots p-Nitranilin) entwickelt.

Übungsbeispiel: Die Grundierung des Baumwollgarnes wird mit einer wässerigen Lösung vorgenommen, die in 1 l Flüssigkeit

25 g β-Naphthol
40 ccm Natronlauge (24%ig)

enthält. Die grundierte Baumwolle wird bei 50—60° getrocknet. Entwickelt wird mit einer Lösung, die in 500 ccm Wasser

20 g Nitrazol
8 ccm Natronlauge (30%ig)

enthält. Nach dem Entwickeln läßt man eine Zeitlang liegen, spült und seift schließlich bei 60°.

Das erwähnte Nitrazol ist fertiges diazotiertes p-Nitranilin in haltbarem Zustand, wie es vom Werk Mainkur der I. G. Farbenindustrie Aktiengesellschaft in den Handel gebracht wird. Ähnliche Produkte werden als Azophorrot und als Nitrosaminrot bezeichnet.

Stehen sie nicht zur Verfügung, so muß das Entwicklungsbad aus p-Nitranilin nach bestimmten Vorschriften hergestellt werden.

Auch Celluloseseiden lassen sich nach der Methode rot färben.

Naphtolfarben.

Die von der Chem. Fabrik Griesheim-Elektron Frankfurt a. M. eingeführten „Naphtolfarben" (oder „Rapidechtfarben") sind hervorragend echte Entwicklungsfarben für Baumwolle und für Celluloseseiden.

Das allgemeine Verfahren derselben besteht in folgendem:

Das Baumwoll- oder Kunstseidengarn wird mit einer alkalischen Lösung von Naphtol AS, Naphtol AS-BS oder anderer Griesheimer „Naphtole" (β-Oxynaphthoësäureanilid und dessen Derivate) getränkt und hierauf ohne zu trocknen (Unterschied von Pararot!), jedoch gut abgequetscht, in der Lösung einer der diazotierten Griesheimer „Basen" (z. B. Echtrot GL-Base) entwickelt.

Übungsbeispiele.

Rot. Stammlösung zum Grundieren.

Man teigt 10,5 g Naphtol AS (oder Naphtol AS-BS) mit

20 ccm Natronlauge (28%ig) und
20 g Türkischrotöl

an, rührt so lange, bis ein vollkommen gleichförmiger Teig sich gebildet hat, und übergießt unter Umrühren mit 500 ccm kochend heißem Wasser. Dann füllt man auf 1 l mit kaltem Wasser auf und setzt 8 ccm Formaldehyd (30%ig) hinzu.

Diazostammlösung.

30 g Echtrot GL-Base werden mit\
40 ccm heißem Wasser angeteigt und\
15 g Natriumnitrit (90%) zugegeben.

Man rührt eine Zeitlang, kühlt dann ab und trägt die Paste bei 14—18° in kleinen Teilen unter Umrühren ein in eine Lösung von 60 ccm konz. Salzsäure (32%ig) und 50 g schwefelsaure Tonerde (die vorteilhafterweise vorher in wenig Wasser gelöst wurde) in 800 ccm Wasser.

Nach beendigtem Diazotieren (Jodkalium-Stärkepapier muß gebläut werden) bleibt der Ansatz ½ Std. stehen, wird dann filtriert und schließlich auf 1 l eingestellt. Vor Benutzung wird die Diazostammlösung mit Schlemmkreide neutralisiert (Lackmuspapier darf nicht gebläut werden).

Arbeitsweise für eine Ausfärbung von 10 g **Baumwolle** oder **Celluloseseide** mit

$$10{,}5 \text{ g Naphtol AS in } 1\,l \left(\frac{n}{25}\right) \text{ und}$$

$$3 \text{ g Echtrot GL-Base in } 1\,l \left(\frac{n}{50}\right).$$

Dies ergibt ein sattes schönes Rot.

Die **Grundierung** mit Naphtol AS erfolgt unter Einhaltung des Flottenverhältnisses 1 : 20, mithin für 10 g **Fasermaterial** in 200 ccm **Stammlösung**.

Die Baumwolle wird wie üblich abgekocht, dann gewaschen und ebenso wie Viskoseseide oder Kupferseide im **trockenen** Zustand grundiert. Man hantiert gut in der Stammlösung, bis das Garn vollständig durchtränkt ist (Dauer 1 Min.), windet gut und gleichmäßig ab und entwickelt sogleich.

Die **Entwicklungslösung** soll 3 g Base in 1 l enthalten. Man erhält sie daher durch Verdünnen von 100 ccm der Diazostammlösung mit Wasser auf 1 l. 200 ccm dieses Liters kommen für 10 g Fasermaterial zur Anwendung (d. h. Flottenverhältnis 1 : 20). Man zieht 1 Min. um, die Kuppelung tritt sogleich ein. Nun wird sehr gut abgequetscht.

Zur Reinigung, zur Entfernung überschüssigen, auf der Faser nicht haftenden Azofarbstoffs und zur Klärung des Farbtons wird nach dem Entwickeln mehrere Male kalt gewaschen, dann ½ Std. heiß geseift (5 g Seife in 1 l Wasser), das geseifte Garn mit heißem Wasser und schließlich mit kaltem Wasser gespült.

Bei Anwendung von **Naphtol AS-BS** unter sonst vollkommen

gleichen Bedingungen erhält man ein dunkles Rot. Durch Mischung von Naphtol AS mit Naphtol AS-BS in der Stammlösung im Verhältnis 1 : 1 erhält man ein zwischen dem Rot AS und dem Rot AS-BS liegendes Rot.

In den folgenden Beispielen lassen sich ebenfalls an Stelle von Baumwollgarn wieder Viskoseseide oder Kupferseide verwenden.

Scharlach. Angewendet 10 g Baumwolle.

Grundierung mit 10,5 g Naphtol AS in 1 l genau so wie beim Rot S. 57.

Entwicklung mit 3 g Echtscharlach G-Base in 1 l genau so wie beim Rot S. 58.

Auch das Waschen und Seifen erfolgt wie dort, ein Unterschied besteht nur in der Herstellung der Diazostammlösung:

30 g Echtscharlach G-Base werden in
55 ccm konz. Salzsäure (32 % ig) und
200 ccm Wasser gelöst und durch Zugabe von Eisstückchen in
600 ccm Wasser abgekühlt.

Unter Rühren läßt man bei 5—10 ^{0} eine kalte Lösung von 15 g Natriumnitrit in 500 ccm Wasser zufließen.

Nach beendigtem Diazotieren (Jodkalium-Stärkepapier) ½ Std. stehen lassen, filtrieren, auf 1 l einstellen und mit Natriumacetat neutralisieren (die Diazolösung soll schwach sauer sein; Congopapier).

Auch hier wieder lassen sich Änderungen des Farbtons durch Anwendung von Naphtol AS-BS bzw. durch Mischen von letzterem mit Naphtol AS erreichen.

Bordeauxrot. Angewendet 10 g Baumwolle.

Grundierung mit 10,5 g Naphtol AS in 1 l so wie beim Rot S. 57.

Entwicklung mit 3 g Echtrot B-Base in 1 l so wie beim Rot S. 58. Auch das Waschen und Seifen erfolgt ebenso wie dort, ein Unterschied besteht nur darin, daß bei der Herstellung der Diazostammlösung die schwefelsaure Tonerde wegbleibt und daß die Diazotierungstemperatur 5—10 ^{0} beträgt; man kühlt also mit Eisstückchen.

Auch hier sind Abänderungen des Farbtons durch Anwendung von bzw. Mischung mit Naphtol AS-BS möglich.

Blau. Angewendet 10 g Baumwolle.

Grundierung mit 10,5 g Naphtol AS in 1 l genau so wie beim Rot S. 57.

Infolge der leichten Zersetzlichkeit des Diazoniumsalzes der hier anzuwendenden Echtblau B-Base setzt man der Grundierungsflüssigkeit 30 g Natriumacetat auf 1 l hinzu. Würde man die Diazolösung selbst neutralisieren, so wäre Zersetzung der Base zu befürchten.

Entwicklung mit 2,4 g Echtblau B-Base in 1 l.

Diazostammlösung:

24 g Echtblau B-Base werden mit
20 ccm konz. Salzsäure (32 % ig) in
500 ccm kochenden Wassers gelöst und durch Zugabe von Eisstückchen in
200 ccm Wasser, welches
20 ccm konz. Salzsäure (32 % ig) enthält, abgekühlt.

Unter Rühren läßt man bei 5—10⁰ eine kalte Lösung von 14 g Natriumnitrit in 50 ccm Wasser zufließen. Starke Schaumbildung während des Diazotierens wird durch Zugabe von einigen Tropfen Türkischrotöl hintan gehalten. Nach beendigtem Diazotieren (Jodkalium-Stärkepapier) ½ Std. stehen lassen, filtrieren und auf 1 l einstellen.

Zur Entwicklung werden 100 ccm der Diazostammlösung mit 900 ccm Wasser verdünnt: Diazolösung. Für 10 g Baumwolle kommen zur Anwendung

200 ccm Diazolösung
40 ccm Kupferchlorid 20⁰ Bé
10 ccm Chromsäurelösung 1:10.

Kupferchlorid und Chromsäure erhöhen die Lichtechtheit des Naphtolblaus. Da hier die Kuppelung nur allmählich vor sich geht, muß die Baumwolle im Entwicklungsbad ½ Std. umgezogen werden. Nun wird sehr gut abgequetscht. Gewaschen und geseift wird genau so, wie beim Rot angegeben. Sollte hierbei das Blau rotstichig ausfallen, so kann dies durch eine Nachbehandlung mit 3 g Kaliumbichromat und 2 g Essigsäure (30 % ig) in 1 l Wasser behoben werden.

Rosa.   Angewendet 10 g Baumwolle.

Grundierung mit 2,5 g Naphtol AS in 1 l.
Grundierungsstammlösung:

Man teigt 2,5 g Naphtol AS (oder Naphtol AS-BS) mit
10 ccm Natronlauge (28 % ig) und
40 g Türkischrotöl an,

rührt so lange, bis ein vollkommen homogener Teig sich gebildet hat, und übergießt unter Umrühren mit 200 ccm kochend heißem Wasser.

Dann füllt man auf 1 l mit kaltem Wasser auf und setzt 4 ccm Formaldehyd (30 % ig) hinzu.

Auch die Grundierung für Rosa arbeitet mit dem Flottenverhältnis 1:20, mithin für 10 g Baumwolle in 200 ccm Stammlösung. Jedoch wird hier die abgekochte, gewaschene und abgepreßte Baumwolle im feuchten Zustand grundiert. Sie bleibt ungefähr ½ Std. in der Grundierungsflotte, wird gut und gleichmäßig abgewunden und dann sogleich entwickelt.

Entwicklung. Zur Erzielung eines schönen Rosas (ähnlich dem Türkischrosa) eignen sich am besten die Basen Echtscharlach G und Echtscharlach R. Man entwickelt mit 3 g Base in 1 l genau so wie beim Rot. Ebenso verfährt man beim Waschen und Seifen.

Änderungen im Farbton ergeben sich durch Anwendung von Naphtol AS-BS allein oder neben Naphtol AS.

Anwendung haltbarer Diazosalze.
Auch die Naphtolfarben kann man mit Hilfe haltbar gemachter diazotierter Basen (der sogenannten „Salze", z. B. Echtscharlach R-Salz) färben, was eine wesentliche Vereinfachung des Verfahrens bedeutet. — Die Grundierung ist in allen Fällen genau so vorzunehmen, als ob bei der Entwicklung die Basen selbst (bzw. die erst zu diazotierenden Basen) zur Anwendung kommen sollten. — Zwecks Herstellung der Entwicklungsflüssigkeit ist es nur nötig, das betreffende „Salz" in Wasser zu lösen. Besondere Zusätze erfolgen keine.

Rot.

10 g Baumwolle werden mit 200 ccm Naphtolstammlösung (S. 57) grundiert und mit einer Lösung von 3 g Echtscharlach R-Salz in 200 ccm Wasser entwickelt. Man wäscht und seift wie früher.

Blau.

10 g Baumwolle werden mit 200 ccm Naphtolstammlösung (S. 57) grundiert und mit einer Lösung von 2,5 g Echtblau-Salz B in 200 ccm Wasser entwickelt. Man wäscht und seift wie früher.

Anhang: Entwicklungs-Farbstoffe auf Acetatseide.

Die Acetatseide ist imstande aromatische Basen aus wässeriger Lösung aufzunehmen, wenn diese Basen aus den Lösungen ihrer Salze sowohl durch Alkalien wie durch Hydrolyse in Freiheit gesetzt sind. Die Basen lassen sich auf der Faser diazotieren und durch Kuppelung mit einer passiven Komponente zu einem unlöslichen Azofarbstoff entwickeln. Die I. G. Farbenindustrie Aktiengesellschaft bringt solche Produkte als „Cellitazole", die British Dyestuffs Corporation bringt sie als „Ionamine" in den Handel. Letztere sind Aldehyd-Bisulfit-Verbindungen der Basen.

Einige dieser Produkte sind in heißem Wasser löslich, andere benötigen einen Zusatz von Salzsäure. Als passive Komponenten („Entwickler") kommen fast ausschließlich Phenole (Phenol, Resorcin, β-Naphthol u. a.) zur Anwendung.

Scharlach.

Grundierungsbad: 0,4 g Cellitazol ORB werden in heißem Wasser gelöst.
Flottenverhältnis 1 : 30.

Man geht mit der Acetatseide (5 g-Strängchen) in die 40° warme Lösung ein, erwärmt nach ¼ Std. auf 60—70°, behandelt ¼ Std. und spült kalt.

Diazotierungsbad: 4% Natriumnitrit
10% Salzsäure (32%ig)
Flottenverhältnis 1 : 20.

Man behandelt 20 Min. kalt und spült dann.

Entwicklungsbad: 0,25 g β-Naphthol werden mit möglichst wenig[1] Natronlauge (35%ig) angeteigt und in heißem Wasser gelöst.
Flottenverhältnis 1 : 20.

Man behandelt 20 Min. anfangs kalt, dann allmählich bei 40—60°. Dann wird gespült.

---

[1] Sparsame Anwendung des Alkalis ist mit Rücksicht auf mögliche Verseifung der Acetylcellulose nötig.

Anwendung der allgemeinen Färbemethoden zum Färben der Halbwolle.

Die Halbwolle wird als Gewebe gefärbt, und zwar nach zwei Verfahren, nämlich nach dem Einbad-Verfahren oder nach dem Zweibad-Verfahren.

Das Einbad-Verfahren ist heute das gebräuchlichste und beruht darin, daß man die Halbwolle in einem Bad unter Zusatz von Glaubersalz mit gewissen direkt ziehenden Farbstoffen färbt, welche in diesem Bad sowohl Baumwolle als auch Wolle anfärben.

Im Zweibad-Verfahren dagegen wird in verschiedenen Bädern zuerst die Schafwolle und dann die Baumwolle oder umgekehrt die Schafwolle nach der Baumwolle gefärbt; hierzu kommen sauer ziehende, direkt ziehende, Diazotierungs-Farbstoffe und basische Farbstoffe zur Anwendung.

1. Einbad-Verfahren.

a) Es soll hier zunächst das Färben der Halbwolle an Beispielen geübt werden, welche zu einer Art von Effektfärberei gehören. Färbt man nämlich Halbwolle im neutralen oder im sauren Bad mit solchen Farbstoffen, die unter diesen Bedingungen ausgesprochene Wollfarbstoffe sind, so wird die Schafwollfaser angefärbt, die Baumwolle nimmt keinen Farbstoff an. Dies führt dann zu Mustern, die aus gefärbten und ungefärbten Teilen bestehen und je nach der Webart verschieden sind.

Brillantorange O (70)   2% Farbstoff
                                 10% Glaubersalz.

Echtrot A (161)   2% Farbstoff
                                 10% Glaubersalz.

Echtsäuregrün 6 B (503) 2% Farbstoff
10% Glaubersalz.

Säureviolett 4 B extra (siehe 530)
2% Farbstoff
10% Glaubersalz.

Außerdem lassen sich alle sauer ziehenden Wollfarbstoffe (siehe dort) für dieses Verfahren anwenden. Diese werden dann im sauren Bad gefärbt.

b) Direkt ziehende Farbstoffe, welche Baumwolle und Wolle im neutralen Bad mit demselben gleich tiefen Ton anfärben.

Benzoorange R (340) 3% Farbstoff
20% Glaubersalz

Benzopurpurin 4 B (363) 4% Farbstoff
20% Glaubersalz.

Diaminblau R W (419) 2,5% Farbstoff
20% Glaubersalz.

Halbwollschwarz G (siehe 462) 5% Farbstoff
25% Glaubersalz.

Chloramingelb (617)   2% Farbstoff
                                  15% Glaubersalz.

Halbwollblau R (126)   3% Farbstoff
                                  20% Glaubersalz.

Halbwollgrün B (124)   3% Farbstoff
                                  20% Glaubersalz.

c) Direkt ziehende Farbstoffe, welche Baumwolle und Wolle im neutralen Bad mit demselben, aber ungleich tiefen Ton anfärben.

Benzoechtscharlach 4 B S (279)
                                  3% Farbstoff
                                  20% Glaubersalz.

Diaminrosa B D (119)   2% Farbstoff
                                  15% Glaubersalz.

d) Direkt ziehende Farbstoffe, welche Baumwolle und Wolle in schwach saurem Bad mit demselben gleich tiefen Ton anfärben. Das Färben im sauren Bad dient zur Erhaltung des Glanzes und des guten Griffes.

Diaminbraun M (344)   3% Farbstoff
                                  20% Glaubersalz
                                  2% Essigsäure (30%ig).

Dianilviolett H (327) 3% Farbstoff
20% Glaubersalz
2% Essigsäure (30%ig).

2. Zweibad-Verfahren.

a) Vorfärben der Schafwolle mit sauer ziehenden Farbstoffen (S. 16) und Nachdecken der Baumwolle mit basischen Farbstoffen (S. 24).

Nach dem sauern Vorfärben (1.) wird gewaschen und dann je nach der Tiefe der Färbung mit 2—5% Tannin 2—3 Std. in kaltem Bad vorbehandelt. Hierauf quetscht man ab und behandelt kalt mit 1—2% Brechweinstein 20—30 Min. lang (2.). Dann wird gut gewaschen und unter Zusatz von 2—4% Essigsäure (30%ig) mit dem basischen Farbstoff kalt gefärbt (3.). Das Halbwollmuster muß dann nochmals gut gewaschen werden.

1. 1% **_Orange G_** (38) wie auf S. 18.
2. 5% Tannin, 2% Brechweinstein (vorbehandelt wie oben).
3. 1,5% **_Tanninorange_** (74), 4% Essigsäure (gefärbt wie oben).

1. 1% **_Tartrazin_** (23) wie auf S. 21.
2. 4% Tannin, 1,5% Brechweinstein (vorbehandelt wie oben).
3. 1% **_Auramin O_** (493), 3% Essigsäure (gefärbt wie oben).

1. 0,5% **_Guineagrün 2 G_** (505) wie auf S. 22.
2. 3% Tannin, 1% Brechweinstein (vorbehandelt wie oben).
3. 0,75% **_Brillantgrün_** (499), 2% Essigsäure (gefärbt wie oben).

1. 1,5% **_Säureviolett 4 B extra_** (siehe 530) gefärbt wie Guineagrün.
2. 3% Tannin, 1% Brechweinstein (vorbehandelt wie oben).
3. 0,75% **_Methylviolett_** (515), 2% Essigsäure (gefärbt wie oben).

1. 2% **_Billantponceau 2 B_** (siehe 169) gefärbt wie Orange G.
2. 4% Tannin, 1,5% Brechweinstein (vorbehandelt wie oben).
3. 1% **_Safranin FF_** (679), 0,1% **_Auramin O_** (493), 3% Essigsäure (gefärbt wie oben).

b) Vorfärben der Schafwolle mit sauer ziehenden Farbstoffen (S. 16) und Nachfärben der Baumwolle mit direkt ziehenden Farbstoffen (S. 30).

Nach dem Vorfärben der Schafwolle (1.) wird unter Zusatz von wenig Ammoniak oder Soda gut gespült. Alsdann wird die Baumwolle in kurzer kalter oder lauwarmer Flotte, die neben dem direkt ziehenden Farbstoff 30—40% Glaubersalz und 0,5—1% Soda enthält, während 30—40 Min. nachgefärbt (2.).

α) **Schafwolle** und **Baumwolle** sollen **verschiedenfarbig** werden (Effektfärberei).

1. 2% ***Brillantponceau 2 R*** (siehe 169)   färbt die Wolle rot.
   Färbemethode siehe S. 18.
2. 0,2% ***Chrysophenin G*** (304)   „   „ Baumwolle gelb.
   Färbemethode wie oben.

1. 1% ***Tartrazin*** (23) (siehe S. 21)   „   „ Wolle gelb.
2. 0,2% ***Congoreinblau M*** (426)   „   „ Baumwolle blau.
   Färbemethode wie oben.

1. 2% ***Guineagrün 2 G*** (505) (siehe S. 22)   „   „ Wolle grün.
2. 0,5% ***Erika B extra*** (121)   Baumwolle rosa
   Färbemethode wie oben.

β) **Schafwolle** und **Baumwolle** sollen **gleichfarbig** und in **gleicher Farbtiefe** gefärbt werden (Unifärberei).

1. 2% ***Brillantponceau 2 R*** (siehe 169). (Siehe S. 18.)
2. 4% ***Deltapurpurin 5 B*** (366). Färbemethode wie oben.

1. 1% ***Tartrazin*** (23). (Siehe S. 21.)
2. 2% ***Direktgelb R*** (9). Färbemethode wie oben.

1. 2% ***Patentblau A*** (545). (Siehe S. 21.)
2. 3% ***Congoreinblau M*** (426). Färbemethode wie oben.

c) **Vorfärben der Baumwolle mit substantiven Diazotierungsfarbstoffen (S. 33) und Nachdecken der Schafwolle mit sauer ziehenden Färbstoffen (S. 16).**

Um ein Abziehen des Farbstoffes beim späteren Überfärben der Wolle hintanzuhalten, werden meist diazotierbare substantive Farbstoffe oder solche substantive Farbstoffe verwendet, deren Färbungen durch eine Nachbehandlung (S. 33) echter gemacht werden können. Man färbt die Baumwolle zunächst während ½ Std. im kurzen kalten oder lauwarmen Bad, diazotiert, entwickelt und spült und deckt dann die Wolle in saurem Bad möglichst schnell nach.

5% ***Primulin*** (616) Gefärbt, diazotiert und mit β-Naphthol entwickelt (siehe S. 34). An Stelle von diazotiertem und mit β-Naphthol entwickeltem Primulinrot kann die Baumwolle auch mit ***Diazobrillantscharlach 3 B extra*** (S. 33) vorgefärbt werden.

Überfärbt mit 2% ***Echtrot A*** (161) (Färbemethode siehe S. 18).

6% ***Oxaminschwarz 2 R*** (328). Gefärbt, diazotiert und entwickelt wie S. 34.

Überfärbt mit 6% ***Naphthylaminschwarz 4 B*** (266) (Färbemethode siehe S. 19).

Prüfung von Färbungen auf ihre Echtheit.

Die Prüfung der Echtheit von Färbungen ist ebenso wichtig wie das Färben selbst, denn sie ergibt nicht nur, ob eine Färbung den erwarteten Ansprüchen ihrer Verwendung genügen wird, sondern auch, ob richtig gefärbt wurde, und sie entscheidet über den Wert der Farbstoffe.

Die Echtheit einer Färbung ist abhängig von mancherlei Umständen, auf die bei ihrer Beurteilung Rücksicht genommen werden muß. Farbstoff, Faser, Färbeweise und nicht zuletzt die Geschicklichkeit des Färbens sind von ausschlaggebender Bedeutung für den Grad der Echtheit. Der beste Farbstoff führt nur dann zu einer seinem Charakter entsprechenden echten Färbung, wenn richtig gefärbt wurde. Ein Unterschied im Echtheitsgrad verschiedener Färbungen des gleichen Farbstoffs ist auch durch die Tiefe des Tones bedingt. Ferner muß berücksichtigt werden, daß Färbungen desselben Farbstoffes auf verschiedenen Fasern sich verschieden verhalten. Die Indigofärbung auf Wolle ist echter als auf Baumwolle, ebenso ist es mit den Färbungen direkt ziehender Farbstoffe, während eine Färbung von Alizarin auf Baumwolle echter ist als auf Schafwolle. Endlich kommt es beim Echtheitsvergleich einer Färbung mit einer gleichtönigen anderen Färbung darauf an, daß eine solche zum Vergleich herangezogen werden soll, welche mit der ersteren auch tatsächlich vergleichbar ist. Man wird in solchen Fällen z. B. eine Benzopurpurinfärbung nicht mit Türkischrot oder Eisrot, sondern mit der Färbung eines anderen roten direkt ziehenden Farbstoffs vergleichen.

Sehr schöne Beispiele für vergleichende Echtheitsprüfungen gleichtöniger Färbungen findet man in den drei Arbeiten von F. Felsen (Berlin 1909), welche Indigo, Türkischrot und Anilinschwarz und „ihre Konkurrenten" behandeln. Ein großes Verdienst hat sich der Verein Deutscher Chemiker um die Vereinheitlichung und Klarstellung der Echtheitsprüfungen und Echtheitsbegriffe auf dem Gebiete der Färberei und des Zeugdruckes erworben. Er hat eine i. J. 1911 gegründete „Echtheitskommission" beauftragt, einheitliche Vorschriften, Normen und Typen für die Echtheitsprüfungen auszuarbeiten[1]. Vorläufige Berichte dieser Arbeiten wurden 1912 bei der Hauptversammlung des Vereins zu Freiburg i. B. und 1913 bei der Hauptversammlung in Breslau erstattet. Der erste öffentliche Bericht des Ausschusses erschien i. J. 1914: Ztschr. angew. Chem. 27, S.57; Dtsch. Färb.-Ztg. 25, S. 45 u. 69; Chem.-Ztg. 38, S. 154 u. Dtsch. Färb.-Ztg. 50, S. 300. Der letzte Bericht des Ausschusses kam i. J. 1916 heraus und findet sich in der Ztschr. angew. Chem. 29, S. 101.

Für den Rahmen dieser Übungen sollen jedoch nicht alle dort vorgesehenen Echtheitseigenschaften bzw. -prüfungen, sondern nur das Wichtigste davon berücksichtigt werden. Es wird auch abgesehen von der Aufzählung und systematischen Herstellung der „Typen", da diese einerseits nicht immer glücklich gewählt sind und es andererseits im jeweiligen Prüfungsfall leicht ist, sich eine Typefärbung zu verschaffen. Auch die 5 (bzw. 8) „Grade" jeder Echtheitseigenschaft sind nicht namhaft gemacht. Demnach sind auf Grund der vom Verein Deutscher Chemiker vorgeschriebenen Methoden im folgenden geschildert:

Die Prüfungen einiger wichtiger Echtheitseigenschaften.

a) Gefärbte Baumwolle.

1. Lichtechtheit. Die Prüfung erfolgt in der Weise, daß die Proben neben den Vergleichsproben in einem im Freien hängenden Kasten unter Glas aufgehängt werden, und zwar so, daß die Färbung zur Hälfte mit steifem Papier oder Pappdeckel zugedeckt und dem Licht ausgesetzt wird. Bei Garnen und Stoffen ist zu berücksichtigen, daß Appretur schützend auf die Färbung wirkt und so die appretierten Stoffe immer eine höhere Lichtechtheit besitzen als die unappretierten.

2a. Waschechtheit. Eine Probe der Färbung wird mit der gleichen Menge Baumwolle[2] zu einem Zöpfchen verflochten. Die Prüfungslösung enthält in 1 l Wasser 2 g Kernseife. Man behandelt das Zöpfchen in dieser Lösung (Flottenverhältnis 1 : 50) ½ Std. bei 40° und drückt dann zehnmal im Handballen mit den Fingern in der Weise aus, daß das Zöpfchen jedesmal in die

---

[1] Verfahren, Normen und Typen für die Prüfung der Echtheitseigenschaften von Färbungen auf Baumwolle, Wolle, Seide, Viskosekunstseide und Azetatseide. 4. Ausgabe. Verlag Chemie, Berlin 1928.

[2] Für die Echtheitsproben wird als weißes Material abgekochte Baumwolle, gewaschene Zephirwolle und entbastete Seide bzw. Viskosekunstseide oder Acetatseide verwendet.

Flotte eingetaucht, herausgenommen und ausgedrückt wird. Zum Schluß wird es in kaltem Wasser gespült und getrocknet.

2b. Kochechtheit. Eine Probe der Färbung wird mit der gleichen Menge Baumwolle zu einem Zöpfchen verflochten. Die Prüfungslösung enthält in 1 l Wasser 5 g Kernseife und 3 g calc. Soda. Das Zöpfchen bleibt ½ Std. in der kochenden Seife-Soda-Lösung (Flottenverhältnis 1 : 50), welche man hierauf, ohne das Zöpfchen herauszunehmen, in ½ Std. auf 40⁰ abkühlen läßt. Nun wird es in gleicher Weise zehnmal ausgedrückt und behandelt wie in 2a.

3. Wasserechtheit. Ein Abschnitt der Färbung wird derart mit Baumwolle, Zephyrwolle und Seide verflochten, daß auf 2 Teile Färbung je 1 Teil des weißen Materials kommt und jedes in unmittelbarer Berührung mit der gefärbten Probe ist. Das Zöpfchen wird dann über Nacht in kaltes Kondenswasser (20⁰) eingelegt (Flottenverhältnis 1 : 40), ausgedrückt und bei gewöhnlicher Temperatur getrocknet.

4. Alkaliechtheit (Straßenschmutz- und Staubechtheit). Das Prüfungsreagens enthält in 1 l Wasser 10 g Ätzkalk und 10 g Ammoniak (24%ig). Die Färbung wird damit betupft, abgedrückt, ohne zu spülen bei gewöhnlicher Temperatur getrocknet und dann gut abgebürstet.

5. Säurekochechtheit. Ein Abschnitt der Färbung wird mit der gleichen Menge Zephyrwolle und der gleichen Menge Baumwolle verflochten. Dieses Zöpfchen bleibt 1 Std. lang in einer kochenden wässerigen Lösung (Flottenverhältnis 1 : 40), welche 10% Weinsteinpräparat vom Gewicht der Probe enthält. Dann wird mit kaltem Wasser gut gespült, ausgedrückt und getrocknet.

6. Säureechtheit. Die Färbung wird a) mit Mineralsäure (10%iger Schwefelsäure) und b) mit organischer Säure (30%iger Essigsäure) betupft und die Veränderung des Farbtons im Vergleich mit einer mit Wasser betupften Stelle festgestellt.

7. Bäuchechtheit. a) 5 g der Färbung werden mit der gleichen Gewichtsmenge Baumwollgarn verflochten. Das Probezöpfchen wird 6 Std. lang mit einer kochenden Lösung (Flottenverhältnis 1 : 10) behandelt, welche 10% Natronlauge (35%ig) vom Gewicht des Materials enthält. Hierbei wird das verdampfende Wasser immer ergänzt. Dann wird gut gespült, abgedrückt und getrocknet.

b) Die Behandlung erfolgt in gleicher Weise wie bei a, nur daß noch 1% Ludigol beigefügt wird.

8. Chlorechtheit. Ein Teil der Färbung wird mit der gleichen Menge Baumwolle verflochten. Zur Prüfung können zwei Lösungen dienen. a) Lösung von unterchlorigsaurem Kalk (Chlorkalk) mit 3 g wirksamem Chlor in 1 l Wasser durch Titration auf den vorgeschriebenen Chlorgehalt eingestellt. b) Lösung von unterchlorigsaurem Natron (Chlorsoda) mit 1 g wirksamem Chlor und nicht mehr als 0,3 g Soda in 1 l Wasser: 100 g Chlorkalk (33 % ig) werden mit 400 ccm Wasser angeteigt; man löst ferner 60 g calc. Soda in 200 ccm kochendem Wasser, gibt 100 ccm kaltes Wasser zu, mischt diese Lösung mit dem Chlorkalkbrei durch ½ stündiges Rühren und läßt dann absetzen. Die klare Lösung wird dann abgezogen, zur Entfernung des letzten Restes von Kalk mit 2 g Soda versetzt, dann wird absetzen gelassen und die klare Lösung abgezogen, gegebenenfalls filtriert und entsprechend mit Kondenswasser verdünnt. Hierauf wird durch Titration auf den vor geschriebenen Chlorgehalt eingestellt.

In einer dieser beiden frisch bereiteten Lösungen wird die Probe bei etwa 15° für 1 Std. eingelegt, dann gespült, abgesäuert, nochmals gespült, ausgedrückt und getrocknet.

b) Gefärbte Schafwolle.

1. Lichtechtheit. Die Prüfung erfolgt genau wie die Prüfung der Lichtechtheit gefärbter Baumwolle. Bei Tuchen und Geweben, an die hohe Echtheitsansprüche gestellt werden, empfiehlt es sich, die Färbungen nicht nur unter Glas, sondern im Freien aufgehängt zu prüfen.

2. Waschechtheit neben Wolle und neben Baumwolle. a) Eine Probe der Färbung wird mit je der gleichen Gewichtsmenge Zephyrwolle und Baumwolle verflochten. Die Prüfungslösung enthält in 1 l Wasser 10 g ätzkalifreie Kernseife und 0,5 g Soda. Man behandelt das Zöpfchen dieser Lösung (Flottenverhältnis 1 : 50) ¼ Std. lang bei 50°, knetet dann fünfmal in der Hand durch, drückt gut aus, spült und trocknet.

b) Ein ebenso gemachtes Probezöpfchen wird so wie in a, aber bei 80° behandelt, hierauf aus der Prüfungslösung herausgenommen, ¼ Std. lang abkühlen gelassen und dann wie oben geknetet, ausgedrückt, gespült und getrocknet.

3. Wasserechtheit. Man verfährt in derselben Weise wie mit Baumwolle, das Probezöpfchen verbleibt jedoch 24 Std. lang im Wasser.

4. Alkaliechtheit (Straßenschmutz- und Staubechtheit). Die Prüfung erfolgt in derselben Weise wie diejenige der Baumwolle.

5. Säurekochechtheit. Ein Abschnitt der Färbung wird mit Zephyrwolle verflochten. Die Prüfungslösung enthält in 1 l dest. Wasser 2,5 g Weinsteinpräparat. Die Probe wird in dieser Lösung

(Flottenverhältnis 1 : 70) 1½ Std. lang bei 90—92⁰ behandelt, dann gespült und getrocknet.

6. Walkechtheit. a) **Neutrale Walke:** Ein Teil der Färbung wird mit der gleichen Menge Wolle bzw. Baumwolle verflochten. Die Prüfungslösung enthält in 1 l dest. Wasser 20 g Kernseife. Die Probe wird in dieser Lösung (Flottenverhältnis 1 : 40) bei 30⁰ derart behandelt, daß man sie erst mit der Hand gut durchwalkt, dann für 2 Std. in die Lösung einlegt und nochmals durchknetet, hierauf wird ausgewaschen und getrocknet.

b) **Alkalische Walke:** Ein Probezöpfchen wird wie bei a bereitet. Die Prüfungslösung enthält in 1 l dest. Wasser 50 g Kernseife und 5 g calc. Soda. Die Behandlung dauert 2½ Std. bei 40⁰, und zwar so, daß die Probe 5—6mal nach je 15 Min. auf dem Walkbrett[1] gewalkt wird.

7. Pottingechtheit. a) Die Probe wird mit einem ungefärbten Wollappen fest um einen Glasstab gewickelt, so daß die Färbung nach innen zu liegen kommt, gut verschnürt und 2 Std. in der 70fachen Menge 90⁰ heißen Wassers behandelt, hierauf gewaschen und getrocknet.

b) Wie a mit Wasser, dem 1 g Marseiller Seife im Liter zugesetzt ist.

c) Gefärbte Viskoseseide.

1. Lichtechtheit. Siehe „Gefärbte Baumwolle" 1.

2. Waschechtheit. a) Die Probe wird mit Baumwolle, Schafwolle, Seide und Viskoseseide zu einem Zöpfchen verflochten. Letzteres wird genau so behandelt, wie unter „Gefärbte Baumwolle" 2a angegeben.

b) Prüfungslösung: 5 g Seife, 3 g calc. Soda in 1 l Wasser. Sonst alles wie in a.

3. Kochechtheit. Die Probe wird mit Seide und Baumwolle verflochten. Geprüft wird in einer Lösung, die 5 g Kernseife und 0,5 g calc. Soda in 1 l Wasser enthält, 1 Std. kochend unter Ersatz des verdunstenden Wassers.

b) Wie a, es wird jedoch 3 Std. gekocht.

4. Wasserechtheit. a) Die Probe wird mit Baumwolle, Wolle, Seide und Viskoseseide so verflochten, daß auf 2 Teile Färbung je 1 Teil des ungefärbten Materials kommt und jede Faserart in unmittelbarer Berührung mit der Färbung ist. Das Zöpfchen wird 1 Std. in Wasser von 20⁰ eingelegt (Flottenverhältnis 1 : 40), dann ausgedrückt und bei gewöhnlicher Temperatur getrocknet.

---

[1] Zu beziehen durch Gebr. Neuhaus, Opladen (Rhld.).

b) Die Behandlung erfolgt wie oben, aber das Zöpfchen bleibt 12 Std. eingelegt.

5. Alkaliechtheit. Man bedient sich zu dieser Prüfung einer Lösung, die auf 1 l Wasser 10 g Ätzkalk und 10 g Ammoniak (24 %ig) enthält. Die Färbung wird damit betupft, ohne abzuspülen getrocknet und gebürstet.

6. Avivierechtheit Prüfungslösung: 5 g Milchsäure in 1 l Wasser. Unter Einhaltung des Flottenverhältnisses 1 : 30 wird die Färbung darinnen 5 Min. bei gewöhnlicher Temperatur umgezogen, danach abgequetscht und ohne Spülen getrocknet.

7. Chlorechtheit. Die Färbung wird mit der gleichen Menge Baumwolle und Viskoseseide verflochten. Das Zöpfchen wird genetzt und 1 Std. bei 15° in eine frische Hypochloritlösung (1 g akt. Chlor in 1 l) eingelegt, gespült, gesäuert, abgequetscht und getrocknet.

8. Bleichechtheit. Die Probe wird mit Wolle, Baumwolle und Seide verflochten. Die Prüfungslösung bereitet man, indem man 20 ccm Wasserstoffperoxyd (10 Vol.-%ig) mit 100 ccm Wasser verdünnt und die Lösung mit etwas Wasserglas alkalisch macht. Sie muß während der Prüfung alkalisch bleiben (Lackmuspapier). Das Zöpfchen wird in die 50° warme Lösung (Flottenmenge 1 : 50) eingelegt und bleibt 12 Std. ruhig unter der Oberfläche der erkaltenden Lösung.

<h3 style="text-align:center">d) Gefärbte Acetatseide.</h3>

1. Lichtechtheit. Siehe „Gefärbte Baumwolle" 1.

2. Waschechtheit. Die Probe wird mit Baumwolle, Wolle, Seide und Acetatseide zu einem Zöpfchen verflochten. Letzteres wird genau so behandelt, wie unter „Gefärbte Baumwolle" 2a angegeben.

3. Wasserechtheit. Verflochten wird mit Baumwolle, Wolle, Seide und Acetatseide. Im übrigen prüft man genau so wie die Wasserechtheit der gefärbten Viskoseseide.

4. Alkaliechtheit. Siehe „Gefärbte Viskoseseide" 5.

5. Avivierechtheit. Prüfungslösung: 3 g Weinsäure in 1 l Wasser. Unter Einhaltung des Flottenverhältnisses 1 : 30 wird die Färbung 5 Min. bei gewöhnlicher Temperatur darinnen umgezogen. Nachdem sie ohne zu spülen getrocknet wurde, erfolgt die Beurteilung unmittelbar nachher.

6. Chlorechtheit. Die Probe wird mit der gleichen Menge Baumwolle verflochten. Im übrigen wird das Zöpfchen genau so behandelt, wie unter „Gefärbte Viskoseseide" 7 angegeben.

7. Bleichechtheit. Siehe „Gefärbte Viskoseseide" 8.

Erkennung von Färbungen nach Faser und Farbstoff.

Die Erkennung des einer Färbung zugrunde liegenden Fasermaterials wird mit Hilfe des Mikroskops und mit Hilfe der einfachen Unterscheidungsmerkmale sowie der typischen Reaktionen der einzelnen Faserstoffe (S. 3—5) keine Schwierigkeit bereiten.

Um die Art der Färbung zu erkennen, ist es unbedingt notwendig, zu allererst ihre Echtheitseigenschaften kennen zu lernen. Man beginnt am besten mit der Waschechtheit. Kennt man diese, so wird dadurch die Wahl der möglichen Farbstoffgruppen enger, und damit ist das Ziel schon halb erreicht. Je nach den Umständen wird man daraufhin noch weitere Echtheitseigenschaften prüfen und erst dann die eigentlichen chemischen Untersuchungen mit Hilfe gewisser Reagentien beginnen.

Es ist ferner sehr zu empfehlen, immer vergleichend zu arbeiten. Hierzu werden einwandfreie Färbungen gebräuchlicher Vertreter der einzelnen Farbstoffgruppen[1] herangezogen. Die Fingerzeige, welche die Untersuchung der Echtheit und die chemische Untersuchung liefern, erleichtern die Auswahl der Vergleichsfärbung. Glaubt man die letztere richtig gewählt zu haben, so wiederholt man ein oder zwei der wichtigsten Echtheitsprüfungen und die eine oder andere Reaktion mit der Vergleichsfärbung und der zu erkennenden Färbung gleichzeitig und unter den gleichen Bedingungen und beobachtet vergleichend.

Auf diesem Wege gelingt es, den Gesamtcharakter jeder Färbung rasch zu erkennen und zumindest anzugeben, zu welcher Farbstoffgruppe der angewandte Farbstoff gehört. Diese Feststellungen genügen z. B. vollauf, wenn es sich darum handelt, die betreffende Färbung nachzuahmen („Imitation"). Häufig wird jedoch die geschilderte vergleichende Untersuchung der Färbung erlauben, den Farbstoff selbst zu erkennen.

Im folgenden sind gewisse chemische Reaktionen an einigen Beispielen der bekanntesten Baumwollfärbungen angeführt. Die betreffenden Farbstoffe geben natürlich auch auf anderen Faserstoffen gefärbt grundsätzlich die gleichen Reaktionen. So wird man z. B. stets die indigoiden und die thioindigoiden Farbstoffe an der gelben Farbe ihrer Küpen, die anthrachinoiden Farbstoffe an den bunten Farben ihrer Küpen (blau, rot, braun,

---

[1] Solche Färbungen sollten stets in den Laboratorien aller einschlägigen Industriebetriebe, sowie in den Laboratorien jener Institute vorhanden sein, die sich die Ausbildung von Textilchemikern zum Ziel gesetzt haben. Diese Färbungen müssen natürlich im Dunkeln und in reiner Luft aufbewahrt werden, und es muß dafür gesorgt sein, daß sie nicht zu alt werden.

violett) erkennen, einerlei auf welchem Fasermaterial die betreffenden Farbstoffe vorliegen.

Es wurden Färbungen in denjenigen Tönen ausgewählt, die in der Industrie der Menge nach die größte Rolle spielen: Von allen Farben werden erfahrungsgemäß Rot, Blau und Schwarz am meisten verlangt.

Für die folgenden Versuche benötigt man eine Reihe von Reagentien. Die Hydrosulfitlösung ist eine Lösung von 7—10 g Hydrosulfit in 100 ccm 5%iger Natronlauge. Die Hypochloritlösung ist ziemlich stark, sie enthält 8 g aktives Chlor in 1 l. Die übrigen Reagentien bedürfen keiner weiteren Erklärung.

Rote Färbungen.

Benzopurpurin 4 B.

Hydrosulfitlösung: Die Färbung wird rosa.

10%ige Salzsäure: Die Färbung wird blau, die Lösung bleibt farblos.

Behandlung mit heißem Wasser: Das Wasser wird rosa.

Hypochloritlösung: Die Färbung wird entfärbt.

Diazobrillantscharlach.

Hydrosulfitlösung: Die Färbung wird gelb.

10%ige Salzsäure: Färbung unverändert, Lösung rosa.

Behandlung mit heißem Wasser: Das Wasser wird rosa.

Hypochloritlösung: Die Färbung wird entfärbt.

Diazobrillantscharlach (diazotiert und gekuppelt).

Verhält sich den obigen Reagentien gegenüber wie die unentwickelte Färbung, nur mit dem Unterschied, daß bei der Behandlung mit heißem Wasser dieses farblos bleibt.

Primulinrot.

Hydrosulfitlösung: Die Färbung wird gelb.

Hypochloritlösung: Die Färbung wird entfärbt.

Bei der Behandlung mit 10%iger Salzsäure oder mit heißem Wasser tritt keine Veränderung ein.

Safranin.

Hydrosulfitlösung: Die Färbung wird entfärbt.

10%ige Salzsäure: Färbung wird blau.

Behandlung mit heißem Wasser: Die Lösung wird rosa.

Hypochloritlösung: Die Färbung wird entfärbt.

Pararot.

Hydrosulfitlösung: Die Färbung wird gelbbraun.

Heiße 10%ige Salzsäure: Die Färbung wird schwach gelb.

Hypochloritlösung: Färbung unverändert.

Mit heißem Anilin erhält man eine braunrote Lösung, aus der beim Ansäuern mit Salzsäure der gelöste Farbstoff ausfällt.

Sublimationsprobe: positiv. (Man legt die Probe zwischen gewöhnliches Filtrierpapier, drückt ein heißes Nickelspatel darauf und sieht hiernach, ob das Papier innen angefärbt ist. Oder man entzündet einen Teil der Färbung, löscht aber die Flamme gleich wieder und läßt die abziehenden Dämpfe gegen eine kalte Porzellanschale streichen.)

Naphtol AS-Rot.

Hydrosulfitlösung: Keine Veränderung.

10%ige Salzsäure: Keine Veränderung.

Hypochloritlösung: Keine Veränderung.

Mit heißem Anilin erhält man eine violettrote Lösung, aus welcher beim Ansäuern mit Salzsäure der Farbstoff nicht gefällt wird.

Sublimationsprobe: Negativ.

Türkischrot.

Hydroslufitlösung: Keine Veränderung.

Durch heiße Salzsäure werden Färbung und Lösung gelb (Alizarin). Wird die abgekühlte Lösung ausgeäthert und der ätherische Auszug mit Ammoniak übersättigt, so färbt sich der Äther violett.

Hypochloritlösung: Die Färbung wird entfärbt.

Indanthrenrot (BN).

Hydrosulfitlösung: Die Färbung wird violett. Nach dem Auswaschen und Abquetschen kehrt der ursprüngliche Ton wieder.

Hypochloritlösung: Keine Veränderung.

Blaue Färbungen.

Diaminreinblau.

Hydrosulfitlösung: Die Färbung wird entfärbt.

Behandlung mit heißem Wasser: Das Wasser wird blau.

Diaminreinblau nachgekupfert.

Hydrosulfitlösung: Die Färbung wird entfärbt.

Behandlung mit heißem Wasser: Keine Veränderung.

Asche: Sie enthält Kupfer.

(Diazotierte und gekuppelte Blaufärbungen verhalten sich ebenso, jedoch enthält ihre Asche kein Kupfer.)

Methylenblau.

Hydrosulfitlösung: Schon in der Kälte verblaßt das Blau, kehrt aber wieder, wenn die Färbung an die Luft gebracht und ausgewaschen wird.

Alkohol zieht den Farbstoff ab und wird blau.

Mit verdünnter Natronlauge in der Hitze behandelt, erhält man eine farblose Lösung. Schüttelt man diese nach dem Abkühlen mit Äther aus und versetzt den Äther mit etwas Essigsäure, so kehrt die blaue Farbe wieder.

Asche: Sie enthält Antimon.

Hydronblau G (oder jedes Schwefelblau).

Hydrosulfitlösung: Die Färbung wird (schon in der Kälte) gelb, ebenso die Lösung. An der Luft kehrt die Farbe der Probe wieder.

Zinnsalz in konz. Salzsäure verändert die Färbung schon in der Kälte. Erwärmt man und legt auf die Öffnung des Reagensglases angefeuchtetes Bleiacetatpapier, so schwärzt sich dieses (Schwefelwasserstoff).

Anilin: Keine Veränderung.

Indigo.

Indigofärbungen sind reibunecht.

Hydrosulfitlösung: Färbung und Lösung werden schon in der Kälte gelbgrün. An der Luft wird die Probe wieder blau.

Zinnsalz in konz. Salzsäure verändert die Färbung erst in der Wärme.

Anilin: Es löst den Indigo leicht aus der Färbung. Schon in der Kälte wird das Anilin grün; erhitzt man zum Sieden, so wird es blau. Im durchfallenden Licht erscheint die Lösung violett.

Eisessig: Er löst den Indigo in der Siedehitze ab. Beim Verdünnen der Lösung mit Wasser fällt der Farbstoff aus.

Konz. Salpetersäure: Die Färbung wird rotgelb (Isatin).

Sublimationsprobe: Positiv.

Indanthrenblau.

Hydrosulfitlösung: In der Kälte verändert sich die Färbung nur wenig, die Lösung wird nur langsam blau. Bei 60° tritt vollkommene Reduktion ein, die Lösung nimmt die charakteristische Farbe der blauen Indanthrenküpe an.

Zinnsalz in konz. Salzsäure verändert weder bei gewöhnlicher Temperatur noch in der Hitze.

Anilin: Es löst den Farbstoff nur schlecht ab.

Konz. Salpetersäure: Die Färbung wird gelbgrün.

Schwarze Färbungen.

Schwefelschwarz.

Hydrosulfitlösung: Die Färbung wird braun, die Lösung gelb. An der Luft nimmt die Färbung wieder ihren ursprünglichen Ton an.

Zinnsalz in konz. Salzsäure: Die Färbung wird graugrün. Beim Erwärmen läßt sich der abgespaltene Schwefelwasserstoff ebenso nachweisen, wie es beim Hydronblau geschildert wurde. Wäscht man die so mißhandelte Färbung mit Wasser, so kehrt der schwarze Ton wieder.

Hypochloritlösung: Die Färbung wird entfärbt.

Tupfprobe mit Salpetersäure: Betupft man die Färbung mit konz. Salpetersäure und drückt starkes Filtrierpapier auf den Fleck, so entsteht ein blauschwarzer Abdruck auf dem Papier.

Indanthrenschwarz.

Hydrosulfitlösung: Die Färbung bleibt unverändert, die Lösung wird bläulich.

Hypochloritlösung: Keine Veränderung.

Tupfprobe mit Salpetersäure: Abdruck grünschwarz.

Naphtol AS-Schwarz.

Hydrosulfitlösung: Die Färbung wird braun, die Lösung bleibt farblos. An der Luft kehrt der ursprüngliche Ton der Färbung nicht wieder zurück.

Zinnsalz in konz. Salzsäure: Die Färbung wird hellbraun, und ihr ursprünglicher Ton kehrt an der Luft nicht zurück.

Hypochloritlösung: Keine Veränderung.

Tupfprobe mit Salpetersäure: Abdruck karminrot.

Anilinschwarz.

Hydrosulfitlösung: Die Färbung wird hellbraun, die Lösung bleibt farblos.

Zinnsalz in konz. Salzsäure: Die Färbung wird grün (Emeraldin), das Schwarz kehrt nach dem Auswaschen wieder.

Hypochloritlösung: Die Färbung wird entfärbt.

Tupfprobe mit Salpetersäure: Abdruck braunschwarz.

Druckerei.

Zwischen Färben und Drucken ist kein grundsätzlicher Unterschied, beide sind nahe verwandt. Während in der Färberei auf losen Fasern, Garnen oder Geweben die Färbung durchgehends und gleichmäßig erzeugt wird, handelt es sich in der Druckerei darum, die Färbung nur an einzelnen Stellen von Geweben hervorzurufen. (Das Bedrucken von Garnen, der „Flammdruck", sowie das Bedrucken von losen Fasern, der „Vigoureuxdruck", haben bei weitem nicht die Bedeutung, die dem „Zeugdruck" zukommt.)

Man kann also das Drucken auch ein örtlich beschränktes Färben nennen. Auf dem weißen oder gefärbten Gewebegrund werden farbige Muster erzeugt. Die Druckerei liefert also stets mehrfarbige, mindestens zweifarbige Erzeugnisse. Zur Erreichung ihres Zweckes benötigt sie zwei Hilfsmittel, welche die Färberei nicht kennt, nämlich die Druckform und das Verdickungsmittel. Die Druckform ermöglicht die Übertragung der Muster auf das Gewebe. Das Verdickungsmittel verhindert das Fließen der Farbstofflösung (oder -paste) über die Umrisse (Konturen) des Musters. Demnach wird mit Hilfe des Verdickungsmittels aus dem Farbstoff und aus gewissen von der Art des Farbstoffes und der Faser bedingten Zusätzen ein gleichförmiger Teig bereitet („Druckfarbe", besser Druckansatz genannt).

In diesem „verdickten Zustand" wird der Farbstoff mit Hilfe der Druckform auf das Gewebe gedruckt: „Direkter Druck". Hingegen werden im „Ätzdruck" Ätzmittel und im „Schutzdruck" Schutzmittel verdickt und aufgedruckt, und alles soeben über Zweck und Bereitung der verdickten Farbstoffe Gesagte gilt sinngemäß für die verdickten Ätzen und Schutzmittel. Als Verdickungsmittel verwendet man allerlei Stärkearten, Dextrine, Gummiarten, Tragant, Albumin usw.

Ein weiteres Hilfsmittel der Druckerei ist der Dämpfer, in dem das bedruckte, getrocknete ·Gewebe der Einwirkuug von Dampf (ohne oder mit Überdruck) ausgesetzt werden muß. Hierdurch wird je nach dem Druckverfahren entweder der aufgedruckte Farbstoff oder eine Beize auf der Faser befestigt, oder es werden im Dämpfer die gewünschten chemischen Einwirkungen der Ätz- und Schutzmittel erzielt.

Man unterscheidet drei Druckverfahren:

 A. Direkter Druck (Dampfdruck),
 B. Ätzdruck,
 C. Schutzdruck (oder Reservage-Druck).

Direkter Druck.

Er bezweckt die Befestigung mehr oder weniger unlöslicher Farbstoffe oder die Erzeugung unlöslicher Farblacke auf der Faser. Dabei bleibt es meistens nicht allein beim Drucken des Farbstoffes (direkt ziehende Farbstoffe, Küpenfarbstoffe) oder der zur Bildung eines Farblackes oder unlöslichen Farbstoffs (basische Farbstoffe, Beizenfarbstoffe, Anilinschwarz) nötigen Bestandteile, sondern es spielt auch das Färben (bzw. „Klotzen") mit hinein in die Druckverfahren. Letzteres ist z. B. dann der Fall, wenn verdickte Beizen aufgedruckt und das Gewebe daraufhin mit einem Beizenfarbstoff gefärbt wird, wobei sich der Farblack nur an den Stellen bildet, an denen die Beize aufgedruckt wurde.

Ätzdruck.

Auch im Ätzdruck handelt es sich um die Verbindung von Färben und Drucken. Man druckt nämlich auf das gefärbte Gewebe solche Stoffe (die „Ätzen") auf, die durch Oxydation oder Reduktion den Farbstoff an den bedruckten Stellen zerstören („ätzen") oder in ein lösliches, also abwaschbares Oxydations- oder Reduktionsprodukt überführen. Man vermag jedoch nicht nur fertige Färbungen zu ätzen, sondern z. B. auch den Tanningrund eines so vorbehandelten Stoffes; wird letzterer alsdann mit einem basischen Farbstoff gefärbt, so kann sich der Farblack an den geätzten Stellen nicht bilden.

Buntätzdruck. Setzt man den verdickten Ansätzen der Ätzen solche Farbstoffe zu, die von den Ätzen nicht angegriffen werden können (d. h. man „illuminiert" die Ätze), so führt dies zu gefärbten (bunten) Ätzmustern auf dem gefärbten Untergrund.

Schutzdruck.

Auch er stellt sich dar als Verbindung von Färberei und Druckerei. Es werden auf das Gewebe Substanzen („Reserven", besser Schutzmittel genannt) aufgedruckt, welche beim späteren

Ausfärben verhindern, daß der Farbstoff sich an den bedruckten
Stellen der Faser befestigt. Die Wirkung der Schutzmittel ist
entweder rein mechanisch oder sie besteht in einem chemischen
Angriff des betreffenden Farbstoffs bzw. der zu seiner Bildung
verwendeten Stoffe.

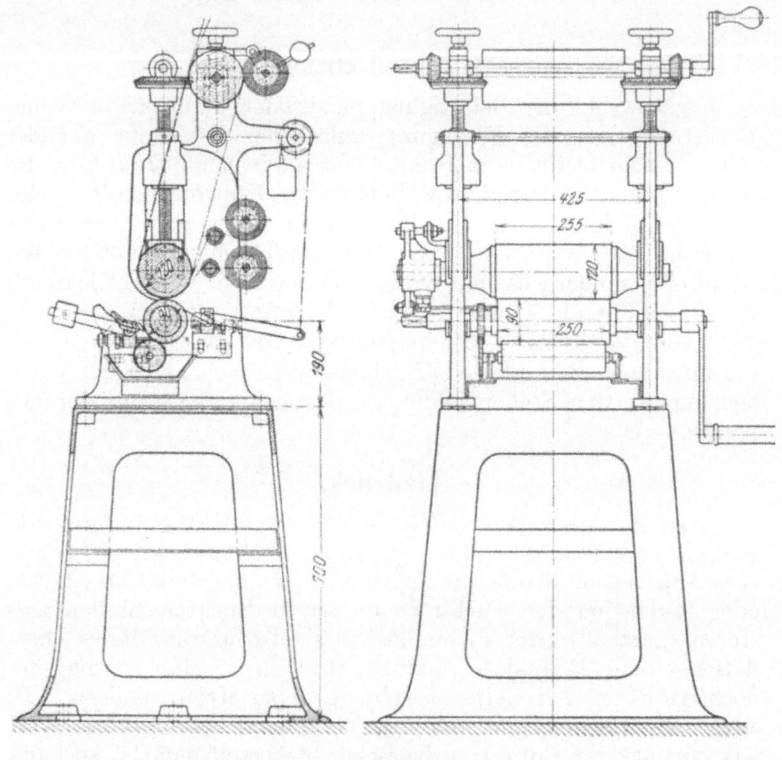

Abb. 3.

Buntschutzdruck (Buntreserven). Man versetzt die aufzu-
druckenden Schutzmittel mit solchen Farbstoffen (oder Beizen),
die gegen die chemische Einwirkung des Schutzmittels unemp-
findlich sind; so ergeben sich bunte Muster auf den nach Durchführung des Druckverfahrens zu färbenden Stoffen.

Zur Ausführung der im folgenden geschilderten Übungen benötigt man die Einfarbige Laboratoriums-Druckmaschine
(Walzenbreite 25 cm), die von der Société alsacienne de Con-
structions mécaniques in Mülhausen i. E. oder von Franz

Zimmers Erben in Zittau i. S. und Warnsdorf i. B. gebaut wird (Abb. 3). Zum Dämpfen der Druckproben eignet sich am besten der Dämpfapparat von A. Keller-Dorian in Mülhausen i. E. (Abb. 4). Er gestattet gleichmäßig und rasch, unter erhöhtem Druck oder mit überhitztem Dampf zu dämpfen,

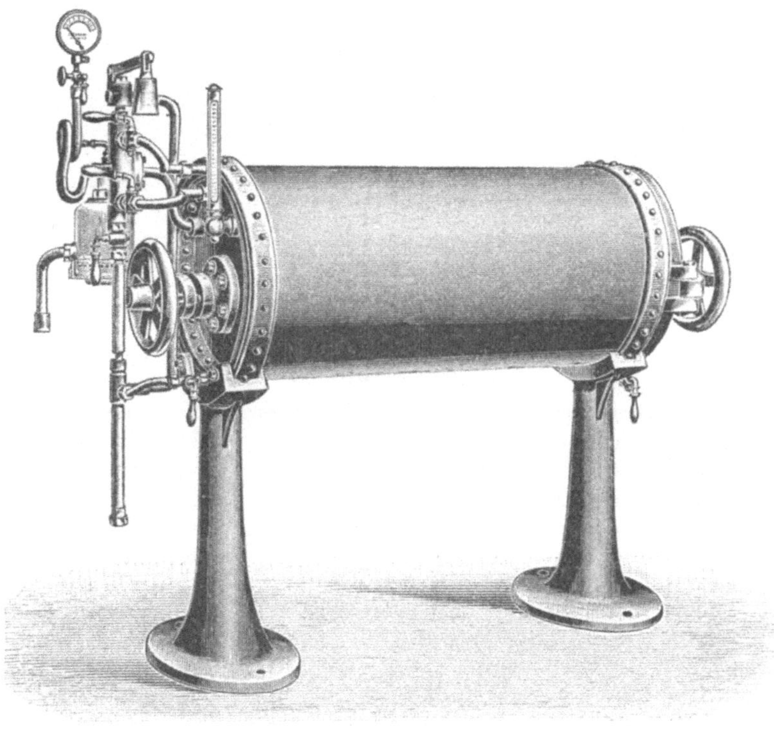

Abb. 4.

und ist so eingerichtet, daß er äußerlich als Trockentrommel zum Trocknen dienen kann. Endlich kann der Innenraum bei abgestelltem Dampfhahn auch als Oxydations- und Trockenkammer benutzt werden.

Für das Dämpfen kleiner Gewebestücke (etwa 10×20 cm) genügt im Laboratorium oft schon ein größerer Stehkolben. In ihm bringt man Wasser zum Sieden, und sobald die Luft aus dem Kolben verdrängt ist. hängt man in seinen Hals die Druckprobe ein.

Etwas vollkommener ist eine Apparatur[1], deren Einrichtung aus der untenstehenden Zeichnung hervorgeht (Abb. 5).

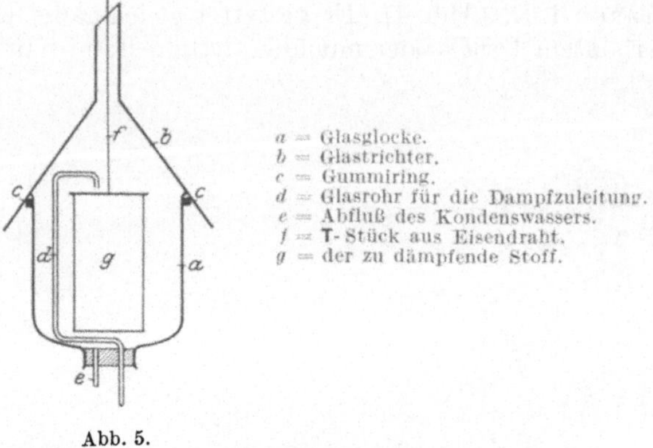

Abb. 5.

Verdickungen.
(500 g-Ansätze.)

Auf die Herstellung der Verdickungen muß große Sorgfalt verwendet werden. Denn ihr sachgemäßer Ausfall ist die sine qua non der ganzen Druckerei.

Alle Verdickungsmittel müssen vor ihrer Verarbeitung gut zerkleinert werden. Für die Bereitung der Verdickungen bewähren sich im Laboratorium am besten die sogenannten Porzellankasserolen (mit Handgriff). Im Anfang erfolgt das Erhitzen der darin befindlichen Ansätze am besten in Wasserbädern (noch vorteilhafter sind Bäder mit konz. Salzlösungen oder Glycerinbäder), zum Schluß auf Gasflammen. Immer jedoch ist es notwendig, den Ansatz während der ganzen Dauer des Erhitzens zu rühren. Nur so erhält man völlig homogene Verdickungen. Es empfiehlt sich, das Rühren mechanisch vorzunehmen. Ein weiteres unentbehrliches Hilfsmittel ist ein feines Sieb, durch das man jede Verdickung und überhaupt jeden Druckansatz drückt.

Stärke-Verdickung.
    110 g Weizenstärke werden mit
    375 g Wasser und
    15 g Olivenöl verkocht.

Die Stärke wird zunächst mit Wasser aufmerksam angerührt, die erhaltene milchige Flüssigkeit unter Rühren langsam erwärmt und schließlich (unter Zusatz von Olivenöl) gekocht. Nachdem die Verkleisterung eingetreten ist, kocht man noch 20 Min. weiter.

---

[1] Der Apparat ist in der Mülhausener Chemieschule ersonnen.

Tragant-Verdickung (60 : 1000).
Man teigt
       30 g Tragant (Pulver) mit
     220 g Wasser an und läßt 24 Std. lang quellen. Dann setzt man
     250 g Wasser zu und kocht so lange, bis eine schleimartige, steife
          Verdickung entstanden ist.

Gummi-Verdickung.
     500 g Gummi
     500 g Wasser.
Gummi wird mit warmem oder kaltem Wasser übergossen und so lange stehen gelassen, bis man eine viskose Flüssigkeit erhält. Quillt der Gummi in Wasser nur auf und bildet eine Gallerte, so ist er für die Herstellung von Verdickungen unbrauchbar. Die viskose Gummilösung wird noch eine Zeitlang erwärmt bis sie klar ist.

Stärke-Tragant-Verdickung.
Man kocht
      60 g Weizenstärke mit
      50 g Tragant-Verdickung (60 : 1000) in
     350 g Wasser so lange, bis ein dickflüssiger, vollkommen ein-
          heitlicher Brei entstanden ist.

a) Die Hälfte dieser Verdickung versetzt man mit 20 ccm Wasser und erhält so
     250 g neutrale Stärke-Tragant-Verdickung.

b) In die andere Hälfte rührt man 20 g Essigsäure (30 % ig) ein und erhält so
     250 g essigsaure Stärke-Tragant-Verdickung.

Gummi-Dextrin-Verdickung.
     125 g Dextrin werden mit
     125 g Wasser 5 Min gekocht. Außerdem werden
     125 g Gummi arabicum mit
     125 g Wasser auf dem Wasserbad erwärmt.
Beides rührt man zusammen und läßt erkalten.

Stärke-Britishgum-Verdickung.
      40 g Weizenstärke werden mit
      40 g Wasser und
     125 g Britishgum-Pulver mit
     295 g Wasser angeteigt, verkocht und während des Erkaltens
          umgerührt.

Alkalische Stärke-Britishgum-Verdickung.
      15 g Weizenstärke
      75 g Britishgum   werden ¼ Std. auf 70° erhitzt
     235 g Wasser   und dann bis zum Erkalten um-
     175 g Natronlauge (35 % ig)   gerührt.

Alkalische Stärke-Verdickung.
     100 g Britishgum oder gebrannte Stärke werden mit
     100 g Wasser zu einem gleichförmigen Brei angeteigt.

Sodann werden
     300 g Natronlauge (42 % ig) unter gutem Rühren zugefügt.
Man erwärmt während 15—20 Min. auf 60—80° und passiert dann durch ein Sieb.

Allgemeine Methoden der Druckerei und Übungsbeispiele.

(Anwendung der einzelnen Farbstoffgruppen in der Druckerei der Baumwolle (Kattundruckerei).)

A. Direkter Druck.

1. Basische Farbstoffe.

Grundsätzlich werden die basischen Farbstoffe nach den gleichen Methoden gedruckt, wie sie gefärbt werden. Jedoch wendet man die Hilfsstoffe (Tannin, Antimonsalz) in anderer Reihenfolge an. Die „Druckfarben" enthalten Farbstoff, Verdickung und Tannin; daneben aber noch gewisse Lösungsmittel, welche die vorzeitige Lackbildung in der Druckfarbe verhindern sollen. Letztere sind z. B. Essigsäure, Ameisensäure, Weinsäure, Glycerin, Acetin usw.

Nach dem Drucken wird getrocknet und hierauf das Muster kurz gedämpft. Durch das Dämpfen erfolgt die Lackbildung auf der Faser. Nach dem Dämpfen bringt man die Druckprobe für eine Minute in eine Lösung von 5—10 g Brechweinstein in 1 l Wasser bei 30—50°, wodurch der Tannin-Farbstofflack fixiert wird. Schließlich wird gewaschen und geseift.

100 g Druckansatz.

Man löst unter Erwärmen

    1 g **Methylenblau B** (659) in
10 g Essigsäure (30%ig) und
21 g Wasser. Diese Lösung wird eingerührt in
60 g essigsaure Stärke-Tragant-Verdickung. Es werden noch
  2 g Weinsäurelösung (10%ig) und nach dem Erkalten
  6 g einer Tannin-Essigsäure-Lösung (1:1) hinzugefügt.

An Stelle von Methylenblau können beliebige andere basische Farbstoffe mit demselben Ansatz gedruckt werden, so z. B. alle in der Färberei angewendeten (S. 26—29).

2. Direkt ziehende Farbstoffe.

Auch hier sind die Druckmethoden grundsätzlich nicht verschieden von den Färbemethoden. Die „Druckfarben" enthalten Farbstoff, Verdickung, Natriumphosphat (an Stelle von Glaubersalz und Soda) und Glycerin oder Türkischrotöl. Die letzten beiden Zusätze bezwecken den gleichmäßigen Ausfall des Druckes zu fördern.

Nach dem Drucken wird getrocknet und dann während 1 Std. feucht gedämpft. Das feuchte Dämpfen ist hier nötig, weil direkt ziehende Farbstoffe sich so am besten fixieren. Um in dem kleinen Versuchsdämpfer rasch feuchten Dampf zu erzeugen, stellt man auf den Boden des Dämpfers eine Schale mit heißem Wasser. Der Dämpfer wird dann erst durch längeres Ausdämpfen vorgewärmt und möglichst luftfrei gemacht.

Das gedämpfte Druckmuster wird schließlich in kaltem Wasser gewaschen. Die mit substantiven Farbstoffen hergestellten Drucke sind weder waschecht noch lebhaft.

100 g Druckansatz.

Unter Erwärmen löst man

2 g **Congobraun A** (477) in
46 g Wasser unter Zusatz von
2 g Natriumphosphat und
10 g Glycerin oder Türkischrotöl und verdickt mit
40 g Tragant-Verdickung (60 : 1000) oder Stärkeverdickung.

An Stelle von Congobraun können beliebige andere direkt ziehende Farbstoffe (z. B. die in der Färberei empfohlenen, s. S. 31 ff.) mit demselben Ansatz gedruckt werden.

3. Küpenfarbstoffe.

Die Druckmethoden sind insofern ähnlich den Färbemethoden, als auch im Druck die unlöslichen Küpenfarbstoffe mit Hilfe von Reduktionsmitteln — insbesondere Hydrosulfit bzw. Formaldehydsulfoxylat (Rongalit) — in ihre löslichen Leuko-Verbindungen übergeführt und als solche von der Faser aufgenommen werden. Dementsprechend enthalten die „Druckfarben" außer dem Farbstoff und dem Verdickungsmittel noch Alkali und Reduktionsmittel.

Nach dem Aufdruck wird getrocknet und etwa 5 Min. bei 100—102° mit feuchtem Dampf (s. oben) im luftfreien Dämpfer[1] ge-

---

[1] Für Versuche im kleinen Maßstab eignet sich sehr gut der sog. „Indanthrenschnelldämpfer" der Indanthren-Echt-Färberei Leipzig, H. von der Wehl, Leipzig S 3.

dämpft. Im Dämpfer geht die Reduktion und Fixierung des Küpenfarbstoffs vor sich. Dann wird sogleich gut gewaschen und geseift.

Zwei Arbeitsweisen sind zu empfehlen: **Farbstoffe in Teig** werden mit verdicktem Alkali und Reduktionsmittel gemischt und ohne vorherige Reduktion aufgedruckt. **Farbstoffpulver** werden mit verdicktem Reduktionsmittel und Alkali gemischt, durch Erwärmen auf dem Wasserbad reduziert und dann erst wird aufgedruckt.

Indanthrenfarbstoffe.

100 g Druckansatz für Teigfarbstoffe.

> 20 g Indanthrenfarbstoff in Teig,
> 5 g Glycerin,
> 8 g Rongalit C,
> 67 g alkalische Stärke-Britishgum-Verdickung.

Folgende Farbstoffe können in diesem Ansatz verwendet werden:

> ***Indanthrengelb G*** (849)
> „   ***goldorange G*** (760)
> „   ***brillantviolett RR*** (767)
> „   ***blau RS*** (837)
> „   ***grau B*** (848).

100 g Druckansatz für Farbstoffpulver.

> 1 g Indanthrenfarbstoff in Pulver,
> 5 g Glycerin,
> 12,5 g Wasser,
> 3 g Natronlauge (42% ig),
> 57 g Gummi-Dextrin-Verdickung,
> 1,5 g Hydrosulfit werden ungefähr 10 Min. auf 60° erwärmt und bei 50°
> 5 g Rongalit C und
> 15 g Natronlauge (42% ig) zugegeben.

Sämtliche Indanthrenfarbstoffe in Pulver mit Ausnahme von Indanthrenblau GCD können in diesem Ansatz verwendet werden. Schöne Beispiele findet man in den Musterkarten I. K. 13 und I. G. 65 D v. J. 1928 der I. G. Farbenindustrie Aktiengesellschaft. Ähnlich werden die Küpenfarbstoffe von anderen Farbenfabriken gedruckt.

Indigo-Glucose-Druck.

Als besonderer Fall soll der direkte Druck von Indigo, der sogenannte Indigo-Dampfdruck, nach dem Glucoseverfahren von Schlieper und Baum geschildert werden.

Dieses Verfahren beruht auf der Reduktion von Indigo mit Glucose (Traubenzucker) in Gegenwart von Natronlauge, die beim Dämpfen eintritt. Beim darauffolgenden Waschen wird das Indigoweiß reoxydiert:

Man durchtränkt (klotzt) das Gewebe mit einer wässerigen Lösung von Traubenzucker (200 g Traubenzucker in 1 l) und trocknet hierauf bei 50°. Dann wird der stark alkalische Druckansatz aufgedruckt.

100 g Druckansatz.

10 g **Indigo** (20 % ig) (874) werden kalt mit
85 g alkalischer Stärkeverdickung zusammengerührt und das Gemenge mit
5 g Natronlauge (35 % ig) auf die für den Druck günstige Dicke eingestellt.

Der Druckansatz bleibt vorteilhaft einige Tage stehen, wodurch sich der Indigo fein verteilt. Wird er hierbei zu dick, so wird er vor dem Drucken etwas angewärmt. Nach dem Drucken wird sofort gedämpft, und zwar im luftfreien Dämpfer mit feuchtem Dampf (S. 85) während 30—60 Sek. Nach dem Dämpfen befindet sich der Indigo als Indigweißnatrium auf der Faser. Die Farbe des Druckmusters soll dann gelbbraun sein. In diesem Zustand ist es gegen Wassertropfen empfindlich. Man wäscht also sofort in einer größeren Menge von Wasser. Unter Umständen kann man das Stoffmuster vor dem Waschen mit einer oxydierenden Flüssigkeit (1 g Kaliumbichromat in 1 l Wasser) behandeln. Schließlich wird gut geseift.

Indigograu

(als Ausnahme von den Methoden des direkten Druckes der Küpenfarbstoffe).

Unter Indigograu versteht man eine mit Hilfe von Stärke oder von Albumin erreichte Anlagerung von kolloidem Indigo an die Baumwollfaser. Die Schicht kolloiden Indigos erscheint im auffallenden Licht grau. Der Indigo wird von der Cellulosefaser auch dann noch festgehalten, wenn die Stärke durch Diastafor weggenommen wurde.

Man bedruckt mit

5 g **Indigo** (20 % ig) (874)
5 g Olivenöl
10 g Weizenstärke oder Blutalbumin
80 g Wasser,

trocknet und dämpft 1 Std. lang unter Druck. Es wird schließlich gewaschen und geseift. An Stelle des Dämpfens genügt es auch, den Aufdruck heiß zu trocknen (z. B. auf einer Cylindertrockenmaschine).

4. Beizenfarbstoffe.

Das Wesen dieser Farbstoffe wurde schon im Teil „Färberei" erläutert, ebenso die Art und Weise ihrer Befestigung auf der Faser. Grundsätzlich arbeitet man auch in der Druckerei nicht anders, jedoch kommen zwei Ausführungsmethoden zur Anwendung. Entweder man druckt die für die Bildung des Farblackes nötigen Bestandteile auf das Gewebe (**eigentlicher direkter Druck**) oder man druckt die Beize auf und färbt nachher mit dem Beizenfarbstoff aus (**Beizendruck**).

a) Eigentlicher direkter Druck.

Die „**Druckfarben**" enthalten als wesentlichste Bestandteile den Farbstoff, das Verdickungsmittel und die Beizen (insbesondere Aluminium-, Chrom-, Eisen- und Zinnsalze). **Nach dem Drucken** wird getrocknet, dann längere Zeit (1 bis 2 Std.) mit nicht zu trockenem Dampf gedämpft. Hierauf wird gewaschen und geseift.

Alizarinblau. 100 g Druckansatz:

> 7 g *Alizarinblau SR* (804)
> 36 g Wasser
> 50 g Stärke-Tragant-Verdickung
> 7 g Chromacetat 20 ⁰ Bé [1].

Alizarinrot (Türkischrot). Alizarinrot wird auf geölter Ware gedruckt; deshalb wird die Stoffprobe vor dem Drucken in einer Lösung geklotzt, welche

> 70 g Türkischrotöl und
> 2,5 g Ammoniak (20% ig) in
> 1000 g Wasser enthält.

Der so behandelte Stoff soll 75% des Eigengewichts an Öllösung aufgenommen haben. Er wird bei 50⁰ getrocknet und dann möglichst bald nachher bedruckt, weil er durch zu langes Liegen gelb wird.

100 g Druckansatz:

> 15 g *Alizarin* (20% ig)   (0,75)
> 9,6 g essigsaurer Kalk 10 ⁰ Bé   (0,7)
> 9 g Rhodanaluminium 20 ⁰ Bé   (0,7)
> 8,4 g oxalsaures Zinnoxyd 16 ⁰ Bé (1,1)
> 58 g Stärke-Tragant-Verdickung   (96,7)
> der man etwas Tournantöl zugesetzt hat.

Die bedruckte, getrocknete Ware wird 1—1½ Std. gedämpft (mit oder ohne Überdruck). Hierauf folgt ein Kreidebad (10 g Kreide in 1 l Wasser), die sogenannte Degommage, bei 50—60⁰, welches den Zweck hat, die Beize völlig zu fixieren und die Verdickung abzulösen Zuletzt wird ½ Std. bei 75⁰ geseift in folgendem Bad:

> 2 g Kernseife
> 0,1 g zinnsaures Natron
> 600 ccm Wasser.

Bei genau gleicher Arbeitsweise erhält man Alizarinrosa mit einem Druckansatz, dessen Bestandteile in den oben eingeklammerten Mengen zur Anwendung kommen. Bezüglich der Auswahl des Alizarins für Rot oder Rosa siehe S. 50.

---

[1] Die im folgenden noch immer in Beaumé-Graden angegebenen Konzentrationen beziehen sich auf käufliche Hilfsstoffe, die nur so gehandelt werden.

Sehr gut fallen Übungsbeispiele aus mit Noir réduit, ferner mit den Farbstoffen:

Alizarinorange G (779)
Naphthomelan (siehe 774)
Coerulein (601)
Alizarinviridin FF (854)
Brillantalizarinbordeaux (787).

b) Beizendruck.

Die Druckansätze enthalten als wesentlichste Bestandteile die Beize und das Verdickungsmittel. Nach dem Drucken wird gedämpft und dann gekreidet (degommiert) und gewaschen. Damit die Verdickung sicher völlig entfernt werde, kann jetzt noch mit einer Diastaforlösung behandelt werden. Nun wird gefärbt.

Tonerdebeize für Rot (100 g Druckansatz):

8 g Weizenstärke
5 g Britishgum
4 g Wasser
80 g essigsaure Tonerde 7⁰ Bé
3 g Olivenöl.

Gewöhnlich wird vor dem Bedrucken mit der Beize geölt (siehe S. 88).

Das nach dem Dämpfen der aufgedruckten Beize erforderliche Kreidebad ist dasselbe, welches beim direkten Druck von Alizarinrot angewendet wird.

Das Ausfärben geschieht in einem Bad, das auf 1 l 3,75 g *Alizarin* (20 %ig) enthält. Man wählt das Alizarin und färbt ebenso wie im Teil „Färberei" beim Türkischrot (S. 53) angegeben. Zuletzt wird gedämpft und bei 50 bis 60⁰ geseift (2 g Kernseife, 0,5 g Zinnsalz in 1 l Wasser).

Eisenbeize für Violett (100 g Druckansatz):

35 g Britishgum werden in
57 g Wasser gelöst und kalt
3 g holzessigsaures Eisen 14⁰ Bé und
5 g Glycerin eingerührt.

Beim Ausfärben mit *Alizarin V* (778) (so wie oben) erhält man das Violett.

5. Entwicklungsfarben.

Anilinschwarz.

Es gelten dieselben Grundsätze wie beim Färben von Anilinschwarz. In der Druckerei unterscheidet man zwischen Oxydationsschwarz und Dampfanilinschwarz. Bei ersterem dienen Kupfersalze (Schwefelkupfer) oder Vanadiumsalze als Sauerstoffüberträger, bei letzterem werden gelbes und rotes Blutlaugensalz hierfür verwendet. Demnach enthalten die Druck-

ansätze: Anilin, Verdickung, Oxydationsmittel und Sauerstoffüberträger.

a) Oxydationsschwarz (100 g Druckansatz):

> 10 g Weizenstärke und
> 4 g Dextrin in
> 70 g Wasser anteigen und aufkochen.

Nachdem etwas Abkühlung eingetreten ist, setzt man

> 2,5 g Natriumchlorat
> 0,5 g Anilin und
> 8 g Anilinsalz hinzu und vermengt vor dem Gebrauch mit
> 5 g Schwefelkupferteig.

Schwefelkupferteig: 7,5 g Kupfervitriol in

> 50 g Wasser lösen und
> 7,8 g kryst. Schwefelnatrium in
> 40 g Wasser lösen.

Beide Lösungen zusammengießen, den Niederschlag abfiltrieren, waschen und auf 10 g abpressen.

Nach dem Drucken wird bei 36° im Trockenschrank 6 Std. lang oxydiert. Man kann aber auch durch kurzes Dämpfen die Entwicklung erzielen. Zur vollen Entwicklung (Oxydation) wird in einem Bad von 3 g Bichromat in 1 l Wasser bei 50° chromiert. Dann wird gewaschen und geseift.

b) Dampfanilinschwarz (100 g Druckansatz):

> 50 g Tragant-Verdickung (60 : 1000)
> 9,5 g Anilinsalz
> 0,5 g Anilin
> 2,5 g Natriumchlorat
> 15 g Wasser
> 5 g gelbes Blutlaugensalz (Ferrocyankalium)
> 17,5 g Wasser.

Die Entwicklung erfolgt durch kurzes Dämpfen. Die Echtheit des Dampfanilinschwarz wird durch Chromieren (siehe Oxydationsschwarz) erhöht.

Eisfarben.

Drei Ausführungsarten sind im Gebrauch:

1. Klotzen des Stoffes mit β-Naphthol oder mit einer anderen kuppelnden Verbindung (z. B. Naphtol AS) und Aufdruck der verdickten Diazolösung.

2. Bedrucken des Stoffes mit der verdickten Lösung von β-Naphthol oder einer anderen kuppelnden Verbindung und Entwickelung in der Diazolösung (ist am wenigsten gebräuchlich).

3. Aufdrucken eines Gemisches, welches sowohl das Diazosalz — und zwar in nicht kuppelnder Form — als auch das Naphthol enthält und nachträgliches Dämpfen, wodurch die Vereinigung der Komponenten eintritt.

Erstes Beispiel zu 1. **Eisrot.**

Der Stoff wird mit β-Naphthol ebenso grundiert und getrocknet, wie im Teil „Färberei" S. 57 beschrieben.

100 g Druckansatz:

> 2 g p-Nitranilin in
> 12 g heißem Wasser und
> 4,5 g Salzsäure (35 % ig) lösen.
> Mit 20 g Eiswasser rasch auf 10° abkühlen und dann
> 12 g Nitritlösung (2 : 10) unter Rühren schnell zusetzen.

Man läßt nun etwa 10 Min. stehen und nachdem die Lösung klar geworden ist, filtriert man. Dann wird mit

> 42 g Tragant-Verdickung (60 : 1000) verrührt und
> 2,5 g essigsaures Natrium in
> 5 g Wasser gelöst hinzugefügt.
> (Der Ansatz soll neutral reagieren.)

Nach dem Drucken läßt man langsam trocknen, dann wäscht man in warmem Wasser und seift bei 50°.

Zweites Beispiel zu 1. **Naphtol AS-Scharlach.**

Der Stoff wird mit Naphtol AS genau in der gleichen Weise grundiert wie es auf S. 58 angegeben ist; jedoch wird kein Formaldehyd zugesetzt und nach dem Grundieren wird nicht zu scharf getrocknet.

100 g Druckansatz:

> 45 ccm Entwicklungslösung (aus Diazostammlösung der
> Echtscharlach G-Base bereitet wie S. 59)
> 40 g Tragant-Verdickung (60 : 1000)
> 10 g Aluminiumsulfatlösung (1 : 1)
> 5 g Natriumacetat.

Nach dem Drucken trocknen, spülen und seifen wie beim Eisrot.

Abwechselung und Änderung der Farbtöne der hier auszuführenden Druckproben treten ein, wenn an Stelle von Naphtol AS mit Naphtol AS-BS oder mit einem Gemisch der beiden grundiert oder auch an Stelle der Echtscharlach G-Base andere Basen angewendet werden.

Beispiel zu 3. **Rapidechtfarben.**

100 g Druckansatz (Orange):

> 5 g Kaliumchromat in
> 30 g Wasser lösen und diese Lösung in
> 50 g Stärke-Tragant-Verdickung einrühren.

Nunmehr werden 15 g Rapidechtorange RG eingetragen.

Nach dem Drucken wird getrocknet, 3 Min. lang gedämpft und in einem heißen Bad, welches

> 50 g Essigsäure (30 % ig) und
> 75 g Glaubersalz in
> 1 l Wasser enthält, entwickelt.

Heiß seifen, spülen und trocknen.

An Stelle des hier angewandten Rapidechtorange RG kann man jede andere Rapidechtfarbe nach der geschilderten Methode aufdrucken.

B. Ätzdruck.

1. Basische Farbstoffe.

Man arbeitet nach zwei grundsätzlich verschiedenen Methoden:

a) Das mit Tannin-Antimon vorbehandelte Gewebe wird geätzt und dann ausgefärbt (Ätzen der Beize, besser Ätzen des Tannin-Antimon-Grundes genannt).

b) Die auf dem Gewebe erzeugte Färbung wird geätzt (Ätzen der Färbung).

a) Ätzen des Grundes.

Dieses Verfahren beruht darauf, daß der Tannin-Antimon-Grund durch Aufdruck einer stark alkalischen Ätze zerstört wird, so daß an den bedruckten Stellen beim folgenden Ausfärben der basische Farbstoff nicht fixiert wird (Ätzweiß).

Die Stoffprobe wird mit Tannin und Brechweinstein so vorbehandelt wie auf S. 24 angegeben, und dann gewaschen und getrocknet. Das Waschen muß gründlich vorgenommen werden, damit alles überschüssige Tannin beseitigt wird, denn davon hängt der gute Ausfall (reinstes Weiß) ab. Jetzt wird die Ätze aufgedruckt

100 g Ätzweiß-Ansatz:

> 20 g gebrannte Stärke
> 28 g Wasser
> 2 g Glycerin
> 50 g Natronlauge (35 % ig).

Hierauf wird scharf getrocknet und mit trockenem Dampf gedämpft, alsdann in einem Bad, das 5 g Schwefelsäure in 1 l enthält, gesäuert. Nachdem man gründlich gespült hat, wird gefärbt (S. 24).

Bezüglich des zu wählenden Farbstoffes findet man im Teil „Färberei“ unter den Übungsbeispielen der basischen Farbstoffe genügende Anhaltspunkte.

Setzt man der Weißätze alkalibeständige Farbstoffe, z. B. Indanthrenfarbstoffe, zu („illuminiert“ man die Ätze), so kann man an Stelle der weißen Muster farbige Muster erreichen (Buntätze).

100 g Ansatz für Buntätze:

10 g Indanthrenfarbstoff i. T.
37 g Britishgum (50%iger Ansatz)
25 g Natronlauge (42%ig)
10 g Rongalit C
15 g Kaolin (50%iger Ansatz)
2,5 g Kaliumsulfit 50° Bé.

Besonders geeignet hierfür sind **Indanthrengelb G** (849) und die verschiedenen Marken von **Brillantindigo**. Nach dem Aufdruck verfährt man wie nach dem Aufdruck von Ätzweiß.

Da die alkalische Weißätze als Reserve gegen Anilinschwarz wirkt, kann man schwarzweiße Muster auf farbigem Grund dadurch erhalten, daß man das gebeizte, geätzte und getrocknete Gewebe mit Dampfanilinschwarz (s. S. 90) bedruckt. Zur Entwicklung des Schwarz wird gedämpft und schließlich ausgefärbt.

b) Ätzen der Färbung.

Man ätzt die mit basischen Farbstoffen hergestellten Färbungen (s. S. 24) entweder mit Oxydationsmitteln (Oxydationsätze) oder mit Reduktionsmitteln (Reduktionsätze).

Als Beispiel sei eine Reduktionsweißätze empfohlen.

100 g Druckansatz:

25 g Dextrin (50%iger Ansatz)
15 g Kaolin (50%iger Ansatz)
10 g Rongalit C
50 g Natronlauge (35%ig).

Nach dem Drucken wird scharf getrocknet, 2—4 Min. gedämpft und dann gespült.

Auch hier läßt sich natürlich durch Zusatz geeigneter Farbstoffe zur Reduktionsätze die Buntätze erzielen, das heißt der oben angegebene Ansatz einer Buntätze kann unmittelbar als Reduktionsbuntätze verwendet werden.

2. Direkt ziehende Farbstoffe.

Die meisten Salzfarben können durch Reduktionsmittel (Zinnsalz, Zinkstaub und Rongalit) weiß geätzt werden. Die besten Ergebnisse liefert die Rongalitätze; sie hat die übrigen Methoden nahezu völlig verdrängt. Man färbt das betreffende Stoffmuster mit einem direkt ziehenden Farbstoff so wie im Teil „Färberei" auf S. 30 angegeben wurde.

100 g Ansatz für Ätzweiß:

> 55 g Britishgum (50%iger Ansatz)
> 20 g Rongalit C
> 1 g Soda
> 24 g Wasser.

Nach dem Drucken wird getrocknet, 3—5 Min. im luftfreien Dämpfer gedämpft und dann gespült.

Es lassen sich folgende direkt ziehende Farbstoffe, deren Anwendung auch schon zum Färben (s. S. 31 ff.) empfohlen wurde, gut ätzen:

Benzopurpurin 10 B (405)   *Dianilorange N* (392)
Patentdianilschwarz EB (462)   *Diazanilblau BB* (273)
Diamingrün B (475)   *Diaminbraun M* (344)
Congoreinblau M (426)   usw.

Auch Buntätzen kommen für Ausfärbungen direkt ziehender Farbstoffe zur Verwendung. Man setzt in diesem Fall dem Ätzweißansatz Farbstoffe zu, die gegenüber dem Reduktionsmittel beständig sind (Basische Farbstoffe, Schwefel-, Beizen- und Küpen-Farbstoffe).

100 g Ansatz für Buntätze mit basischen Farbstoffen.

> 4 g Farbstoff
> 13 g Glycerin
> 15 g Wasser
> 35 g Stärke-Tragant-Verdickung
> 6 g Acetin
> 12 g wässerige Tanninlösung (50%ig)
> 15 g Rongalit C.

Es eignen sich hierfür:

Bismarckbraun (283)   *Safranin FF extra* (679)
Auramin O (493)   *Methylenblau B* (659)
Rhodamin B (573)   *Baumwollblau* (649)
                                              usw.

Nach dem Drucken wird gedämpft und dann zur besseren Befestigung des basischen Farbstoffes durch eine 0,5%ige Brechsteinweinlösung gezogen und hierauf gewaschen.

3. Küpenfarbstoffe.

a) Indigoätzdruck.

Es gibt zwei Wege, um den Indigo auf dem Gewebe zu zerstören. Entweder oxydiert man ihn (Oxydationssätze) oder man reduziert ihn (Reduktionssätze).

Oxydationsätze.

Der Indigo geht bei der Oxydation in Isatin über, dieses ist löslich und kann daher durch Waschen leicht von der Faser entfernt werden. Als Oxydationsmittel kommen in Betracht Chlorate, Chromate, Nitrate und Ferricyanalkalisalze. Alle diese Oxydationsmittel, die in saurer Lösung zur Anwendung kommen, können zur Bildung von Oxycellulose und damit zur Schädigung der Faser Anlaß geben; bei einigen ist die Schädigung unvermeidlich.

Chloratätze (nach Jeanmaire, 1889). Die Druckpaste wird aus zwei getrennt hergestellten und getrennt aufbewahrten Ansätzen (I und II), die erst vor der Verwendung gemischt werden, zusammengestellt. Die wesentlichen Bestandteile der verdickten Ätze sind Chlorat und gelbes Blutlaugensalz sowie eine Säure (Weinsäure, Citronensäure), die bei höherer Temperatur (Dämpfer) das Chlorat zersetzt.

<table>
<tr><td>Ansatz I:</td><td>Ansatz II:</td></tr>
<tr><td>10 g Stärke werden mit</td><td>15 g Britishgum werden mit</td></tr>
<tr><td>63 g Wasser angerührt, verkocht u.</td><td>25 g Wasser angeteigt und</td></tr>
<tr><td>27 g Natriumchlorat darin gelöst.</td><td>50 g Weinsäure und</td></tr>
<tr><td></td><td>10 g Citronensäure darin gelöst.</td></tr>
</table>

100 g Ätzdruck-Ansatz:

70 g Ansatz I
20 g Ansatz II
 5 g Ferricyankalium gepulvert
 5 g Olivenöl.

Das ganze wird sorgfältig verrührt.

Das nach einer der auf S. 40 in der „Färberei" beschriebenen Methoden mit Indigo gefärbte und dann mit der verdickten Ätze bedruckte Stoffmuster wird 5 Min. mit trockenem Dampf bei 100° gedämpft und dann in einem schwach alkalischen Bad (5 g Wasserglas in 1 l Wasser) bei 70° behandelt. Hierauf wird gewaschen. Wird die Chloratätze richtig ausgeführt, so findet eine Faserschwächung nicht statt.

Chromatätze (nach C. Köchlin, 1869). Die Chromatätze wird so ausgeführt, daß durch aufgedruckte Chromate und nachfolgendes heißes Säuern („Ätzbad") die dadurch frei gemachte Chromsäure den Indigo zu Isatin oxydiert. Besondere Aufmerksamkeit erfordert hierbei der Umstand, daß die Chromsäure die Cellulose oxydierend angreift, was zu Faserschädigungen führt. Durch Zusatz gewisser organischer Substanzen (Oxalsäure, Glycerin, Alkohol, Stärkezucker usw.) zum Ätzbad kann überschüssige Chromsäure unschädlich gemacht und dadurch der Faserschwächung vorgebeugt werden.

Die Chromatätze soll hier als Beispiel einer Oxydationsbuntätze, und zwar als Beispiel einer höchst einfachen, neuzeitlichen Art der Herstellung des bekannten Blau-Rot-Artikels geübt werden.

100 g Druckfarbe:

> 50 g Stärke-Tragant-Verdickung
> 20 g Rapidechtrot GL
> 15 g Kaliumchromat
> 5 g Türkischrotöl
> 10 g Wasser.

Das wie früher mit Indigo gefärbte Kattunmuster wird mit obigem Ansatz gedruckt, nach dem Drucken getrocknet und 2 Min. bei 100⁰ gedämpft. Es folgt darauf das Ätzbad, indem man das Gewebe in einer 60⁰ warmen Lösung umzieht, welche in 1 l Wasser

> 50 g konz. Schwefelsäure,
> 50 g Oxalsäure

enthält.

Nach dem Ätzbad wird sehr gut gewaschen (die Säure muß vollkommen entfernt werden!) und unter Umständen geseift.

Selbstverständlich läßt sich an Stelle eines Blau-Rot-Musters auch jedes andersfarbige Muster herstellen, wenn man mit einer anderen Rapidechtfarbe arbeitet.

Reduktionsätze.

Der Hauptnachteil der Oxydationsätzen liegt in der Gefahr der Schädigung der Faser, wenn das Oxydationsmittel sich nicht nur auf die Aufspaltung des Indigos zu Isatin beschränkt, sondern auch die Cellulose oxydiert. Die Reduktionsmittel aber, die den Indigo bis zum leicht löslichen Indigoweiß reduzieren, sind selbst im Überschuß für die pflanzliche Faser vollkommen unschädlich. Es sind dies Zinkstaub, Stannochlorid, Hydrosulfit usw.

Heute ist fast ausschließlich die Rongalitätze eingeführt, nicht nur zum Ätzen von Indigo, sondern allgemein zum Ätzen von Küpenfarbstoffen überhaupt. Rongalit C ist Formaldehydnatriumsulfoxylat und ist ein ausgezeichnetes Reduktionsmittel (siehe auch „Direkter Druck" von Küpenfarbstoffen, S. 85). Es gelingt durch Aufdruck von verdicktem Rongalit allein auf mit Indigo gefärbtem Baumwollstoff, Dämpfen und Abziehen des Indigoweiß in heißer alkalischer Flotte eine Weißätze zu erzeugen. Dann aber tritt eine teilweise Rückoxydation des Leukoindigos ein. Infolgedessen ist dieses einfache Verfahren unbrauchbar. Mit Hilfe gewisser aliphatisch und aromatisch substituierter Ammoniumbasen — der sogenannten Leukotrope — gelingt es jedoch, den Leukoindigo auf der Faser in eine stabile Form zu überführen. Dieses ist der Grundsatz der sogenannten „Leukotropverfahren".

Leukotrop W gibt mit Leukoindigo ein in Alkali leicht lösliches gelbes Kondensationsprodukt; angewendet wird eine Mischung von Rongalit C und Leukotrop W, d. i. Rongalit CL.

Ähnliche Produkte sind im Handel unter dem Namen Hydrosulfit CL und NF, Hyraldit CL und CW u. a. Durch Zusatz von Zinkoxyd wird die Reaktion zwischen Leukotrop W (enthalten im Rongalit CL) und Leukoindigo, die in einer Benzylierung des letzteren besteht, sehr begünstigt. Außerdem pflegt man noch etwas, vermutlich katalytisch wirkendes, Anthrachinon den Druckpasten zuzusetzen.

100 g Ätzweiß-Ansatz mit Rongalit CL:

8 g Zinkweiß (Zinkoxyd) werden sorgfältig angeteigt mit
10 g Wasser und mit
52 g Gummiverdickung (50 % ig) gemischt; dann werden darin
16 g Rongalit CL gelöst, nach dem Erkalten
4 g Anthrachinonpaste (30 % ig) eingerührt und das Ganze mit
10 g Wasser oder Verdickung auf 100 g eingestellt.

Der indigoblaue, bedruckte Stoff soll alsbald im luftfreien Dämpfer bei 104—105° 3 Min. gedämpft werden. Zur Entfernung des auf der Faser gebildeten kreßroten Umwandlungsproduktes des Leukoindigos steckt man das Muster während 20 Sek. in ein verdünntes, 95—100° heißes Alkalibad (1 ccm Natronlauge 35 % ig in 1 l Wasser) und wäscht dann mit heißem und kaltem Wasser. So werden die bedruckten Stellen rein weiß.

Ein anderes Leukotrop, und zwar Leukotrop O, reagiert, wenn es der Rongalitätze zugesetzt war, mit dem Leukoindigo unter Bildung einer gelben unlöslichen Verbindung. Es gelingt also, mit Hilfe von Leukotrop O gelbrote oder gelbe Muster auf Indigofärbungen zu erzeugen. Streng genommen ist aber das Verfahren mit Leukotrop O weder eine Buntätze noch ein Ätzverfahren überhaupt.

100 g Gelbätze mit Rongalit C und Leukotrop O:

10 g Zinkweiß (Zinkoxyd)
8 g Wasser
2 g Glycerin
4 g Anthrachinonpaste (30 % ig)
7 g Leukotrop O
15 g Rongalit C
54 g Gummiverdickung (50 % ig).

Das indigoblaue, bedruckte Gewebe wird nach dem Aufdruck ebenso gedämpft wie bei der Weißätze und dann gewaschen.

b) Ätzdruck anderer Küpenfarbstoffe.

Es soll hier nur der mit Hilfe von Reduktionsmitteln ausgeführte Ätzdruck von Küpenfarbstoffen an Beispielen erläutert werden, denn er ist am wichtigsten. Alle die in der „Färberei" als Beispiele angeführten Küpenfarbstoffe (siehe S. 41 ff.), mit Ausnahme der Indanthrenblau-Marken, lassen sich nach folgendem Verfahren ätzen:

100 g Ätzweiß-Ansatz:

>15 g Stärke (dunkel gebrannt)
>32 g Wasser
>30 g Rongalit CL
>3 g Glycerin
>20 g Natronlauge (42 % ig).

Nach dem Aufdruck trocknen, 3 Min. dämpfen und ohne zu spülen ¼ Std. kochend seifen.

Die mit schwer ätzbaren Küpenfarbstoffen — *Indanthrenblau GCD* (842) und *Indanthrenblau RS* (837) — gefärbten Stoffe müssen zum Gelingen der Weißätze mit obigem Ansatz einer Vorbehandlung unterworfen werden, die darin besteht, daß sie mit einer wässerigen Lösung von Leukotrop W konz. (15 g in 1 l) behandelt und hiernach getrocknet werden.

Schöne Beispiele über den Ätzdruck von Färbungen der Indanthrenfarbstoffe finden sich in den Musterkarten I. K. 15 C (1927) und B. 1122 sowie I. G. 179 D (1928) der I. G. Farbenindustrie Aktiengesellschaft.

4. Beizenfarbstoffe.

Der Ätzdruck vollzieht sich hier nach denselben Methoden, die schon beim Ätzdruck der basischen Farbstoffe (s. S. 92) erläutert wurden. Man ätzt entweder die Beize und färbt nachher aus, oder man ätzt die fertige Färbung. Naturgemäß spielt hier als Beizenfärbung das Türkischrot die Hauptrolle.

In den Übungsbeispielen soll das Ätzen der Beizen nicht behandelt werden, sondern nur das Weiß- und Buntätzen fertiger Färbungen.

Türkischrot kann entweder mit Oxydationsmitteln (unterchlorige Säure) oder mit Reduktionsmitteln (Glucose oder Rongalit) geätzt werden.

a) Chlorkalkätze (als Weißätze).

Man bedruckt den türkischroten Stoff mit verdickten organischen Säuren.

100 g Ätzansatz:

>10 g Citronensäure
>10 g Weinsäure
>80 g Stärkekleister.

Hierauf wird bei möglichst niedriger Temperatur (35—40°) getrocknet und dann der Stoff in eine Hypochloritlösung mit 2 g aktivem Chlor in 1 l (z. B. 10 g Chlorkalk mit 100 ccm Wasser anreiben) gebracht. An den mit Säure bedruckten Stellen bildet sich freie unterchlorige Säure, welche dort den Alizarinlack sofort zerstört. Zuletzt wird gut gespült.

b) Ätze nach dem Glucose-Alkali-Verfahren.
(Als Buntätze, und zwar Blau-Rot.)

Das Verfahren beruht auf dem bei den Methoden des direkten Druckes erwähnten Indigodruck nach Schlieper-Baum (s. S. 86)

Das türkischrote Gewebe wird mit einer konzentrierten Glucoselösung vorbehandelt und scharf getrocknet. Dann erfolgt der Aufdruck der stark alkalischen Ätzblaudruckfarbe.

100 g Ansatz:

> 20 g Gummiverdickung (50 % ig)
> 55 g Natronlauge (50 % ig)
> 4 g Wasser
> 5 g Glycerin
> 16 g *Indigo* (20 % ig) (874).

Man trocknet gut und dämpft sofort 2—3 Min. Dann wird gewaschen und durch eine kochende Lösung von Natriumsilikat (2 g in 100 ccm Wasser) gezogen und hierauf wieder gewaschen.

c) Rongalitätze.

Rongalitweißätze.

100 g Druckansatz:

> 13 g Dextrinpulver
> 10 g Gummiverdickung (50 % ig)
> 60 g Natronlauge (50 % ig)
> 15 g Rongalit C.

Man erwärmt einige Minuten auf 50°, rührt während des Abkühlens und fügt 2 g Natriumbisulfit 38° Bé hinzu.
Der türkischrote Stoff wird bedruckt, 3—5 Min. gedämpft und gewaschen.

Rongalitbuntätze. Dieses Verfahren liefert Druckmuster von größter Mannigfaltigkeit und Schönheit, denn man vermag der Rongalitätze allerhand Küpenfarbstoffe, natürlich auch Indigo, zuzusetzen.

100 g Druckansatz für beliebige bunte Ätzen mit verschiedenen Küpenfarbstoffen:

> 8 g Stärke
> 20 g Wasser
> 7,5 g Schlemmkreide (50 % ig)
> 7,5 g Kaolin (50 % ig) werden gekocht, auf 50° abgekühlt und
> 25 g Rongalit C
> 17 g Ätznatron und
> 15 g Indanthrenfarbstoff i. T. eingerührt.

100 g Druckansatz für Blau-Rot:

> 15 g Stärke-Britishgum-Verdickung
> 9 g Wasser
> 11 g Rongalit C
> 50 g Natronlauge (42 % ig).

In den erkalteten Ansatz rührt man

15 g *Indigo* (20 % ig) (874).

Der mit dem einen oder dem andern obiger Ansätze bedruckte türkischrote Stoff wird sofort gedämpft, und zwar 2—3 Min. im luftfreien Dämpfer, an die Luft gehängt während 2 Std. und sorgsam ausgewaschen.

5. Entwicklungsfarben.

Von den im direkten Druck behandelten Entwicklungsfarben (s. S. 89) kommen für den Ätzdruck nur die Eisfarben in Frage. Für diese wiederum kommen nur Reduktionsätzen, und zwar ausschließlich Rongalitätzen in Betracht.

a) Weißätze auf Pararot:

30 g Rongalit C
50 g Stärke-Tragant-Verdickung
3 g Glycerin
17 g Wasser.

b) Buntätze auf Pararot:

10 g *Algolviolett RR* (920)
5 g Glycerin
42 g Stärke-Tragant-Verdickung
15 g Pottasche
25 g Rongalit C
3 g Anthrachinonteig (30 % ig).

Der nach dem früher mitgeteilten Verfahren (siehe S. 56) mit Pararot gefärbte Stoff wird bedruckt und bei nicht zu hoher Temperatur getrocknet. Feucht an der Luft liegende Drucke verderben. Man dämpft im luftfreien Dämpfer 3—4 Min. bei 102—104⁰. Für die Fertigstellung genügt Waschen und Seifen. (Unter Umständen folgt noch eine leichte Hypochloritbleiche, um sicher ein reines Weiß zu bekommen.)

c) Weißätze auf Naphtol AS-Rot:

40 g Rongalit C
5 g Anthrachinonteig (30 % ig)
5 g Wasser
50 g Stärke-Tragant-Verdickung.

d) Buntätze auf Naphtol AS-Rot mit basischen Farbstoffen:

0,2 g *Krystallviolett* (516)
5 g Acetin
22 g Gummi-Verdickung (50 % ig) werden zusammen in
11 g Wasser heiß aufgelöst,

dann läßt man erkalten und gibt bei 50⁰

25 g Rongalit C zu.

Schließlich kommen noch

10 g Anilin und
25 g alkoholhaltige Tanninlösung (75 % ig) hinzu.

Jede der früher beispielsweise geschilderten Färbungen der Naphtol AS-Farben (s. S. 57 ff.) läßt sich mit einer der beiden Ätzen bedrucken. Die Ätze ihrerseits kann man auch mit anderen als mit basischen Farbstoffen, z. B. Algolfarbstoffen oder direkt ziehenden Farbstoffen u. a. „illuminieren". Man erhält also eine beliebige Zahl anderer Übungsbeispiele.

Nach dem Aufdruck arbeitet man so wie in dem Ätzdruckverfahren auf Pararot. Wurde unter Zuhilfenahme eines basischen Farbstoffes bunt geätzt, so folgt nach dem Dämpfen ein 1%iges Brechweinsteinbad.

C. Schutzdruck (Reservage-Druck).

Basische Farbstoffe, direkt ziehende Farbstoffe und Schwefel-Farbstoffe sind für die Schutzdruckverfahren nicht so wichtig, als daß auch sie durch Beispiele belegt werden müßten.

1. Küpenfarbstoffe.

Schutzweiß (Weißreserve):

11 g Stärke
27 g Wasser
14 g Kupfersulfat
11 g Bleinitrat
22 g Bleisulfatteig (60%ig)
5 g Bleiacetat
10 g Gummiverdickung (50%ig).

Nach dem Bedrucken soll der Stoff getrocknet und gefärbt werden. Zum Ausfärben verwendet man einen der für Färbeversuche empfohlenen Küpenfarbstoffe (siehe S. 41).

Gelbschutz (Gelbreserve, Chromgelb):

20 g Pfeifenton
20 g Wasser
10 g Kupfersulfat
10 g Bleinitrat
20 g Bleisulfatteig (60%ig)
20 g Gummiverdickung (50%ig).

Nach dem Aufdruck des Schutzes behandelt man das Muster so wie es beim Schutzweiß angegeben ist. Hat man mit dem Küpenfarbstoff ausgefärbt, so wird gespült und in dem folgenden Bad bei 70^0 chromiert:

5 g Kaliumbichromat
10 g Essigsäure (30%ig) in 1 l Wasser.

Dann wird gespült, gesäuert und gewaschen.

Für Indigo hatte der Schutzdruck früher sehr große Bedeutung, ist aber heute durch den Indigoätzdruck fast völlig verdrängt.

2. Beizenfarbstoffe.

Da sich dieselben organischen Säuren, die zum Ätzen verwendet werden können (nicht flüchtige organische Säuren, z. B. Citronen- oder Weinsäure), auch als Schutzmittel eignen, druckt man mit diesen Säuren oder ihren Salzen vor und verhindert so die spätere Fixierung des betreffenden Beizenfarbstoffs.

Schutzweiß (Weißreserve) für Weiß-Rosa (oder Dampfalizarinrosa):

> 30 g Britishgum-Pulver
> 60 g Wasser
> 3 g Citronensäure
> 2 g Natriumcitrat 28° Bé
> 5 g Kaolin.

Nach dem Vordrucken wird getrocknet und dann überpflatscht mit folgendem Ansatz:

> 70 g Gummiverdickung (50 % ig)
> 2 g Lizarol D konz.
> 2 g Glycerin
> 2 g *Alizarin V 1* (778) 20 % ig
> 2 g Rhodanaluminium 12° Bé
> 22 g Wasser.

Hierauf wird 1½ Std. ohne Druck gedämpft, durch ein Kreidebad gezogen und dann gewaschen.

3. Entwicklungsfarben.

a) Anilinschwarz.

Als Reserven für Anilinschwarz werden angewendet Alkalien oder alkalisch wirkende Salze (Ätznatron, Soda, Natriumacetat, Zinkoxyd usw.) und Reduktionsmittel (Rongalit, Sulfit usw.).

Man arbeitet nach zwei Verfahren:

I. Der Stoff wird mit der Lösung für Anilinschwarz („Klotzfarbe") geklotzt, vorsichtig getrocknet, mit der Reserve bedruckt und gedämpft. Dieses ist das Verfahren von Prud'homme.

II. Die Reserven können auch auf den unvorbehandelten Stoff vorgedruckt werden; nachher erst wird der Stoff mit der Lösung für Anilinschwarz geklotzt.

I. Prud'homme-Verfahren.

Ansatz von 1 l Anilinschwarz-Klotzlösung:

Man löst getrennt

> 20 g Natriumchlorat in 200 ccm,
> 50 g Ferrocyankalium in 400 ccm,
> 80 g Anilinsalz in 200 ccm heißen Wassers.

Nachdem die drei Lösungen kalt geworden sind, gießt man sie zusammen, fügt 12 ccm Anilin zu und stellt mit Wasser auf 1 l ein.

Der Stoff wird mit dieser Lösung geklotzt, vorsichtig getrocknet und dann bedruckt.

Schutzweiß (Weißreserve):

50 g Tragant-Verdickung
15 g Natriumacetat
14 g Natriumbisulfit 36⁰ Bé
21 g Wasser.

Nach dem Drucken wird nicht zu lang und nicht zu scharf getrocknet und sofort gedämpft (2 Min. bei 95⁰). Nach dem Dämpfen wird das Muster in einem 60⁰ warmen Natriumbichromat-Sodabad (1 g Soda, 5 g Natriumbichromat in 1 l) oder es wird in einem schwachen Wasserglasbad behandelt und unter Umständen geseift. Für den Ausfall des Versuches ist es erforderlich, alle Verrichtungen möglichst rasch aufeinander folgen zu lassen.

Buntschutz (Buntreserve) mit bas. Farbstoffen:

2,5 g **Rhodamin B** (573)
10 g Wasser
10 g Essigsäure (30 % ig)
13 g Zinkoxyd
14 g Natriumacetat
2 g Zinnsalz ($SnCl_2 . 2 H_2O$)
50 g Stärke-Tragant-Verdickung.

Die Arbeitsweise nach dem Bedrucken des vorgeklotzten Stoffes mit dem Buntschutz ist die gleiche wie nach dem Bedrucken mit Schutzweiß.

Abänderungen bzw. die Erzeugung andersfarbiger Muster auf Anilinschwarz ist möglich, indem im Buntschutz an Stelle von Rhodamin B

Bismarckbraun (283),   **Auramin G** (494)[1],
Malachitgrün (495),   **Krystallviolett** (516),
Methylenblau B (659),   **Safranin FF extra** (679) usw.

verwendet werden.

Buntschutz (Buntreserve) mit Indanthren-Farbstoffen:

4—25 g **Indanthrengelb G i. T.** (849)
5 g Glycerin
6—9 g Rongalit C
30 g alkalische Stärkeverdickung
50—26 g Gummi-Dextrin-Verdickung
5 g Glucose.

Nach dem Bedrucken folgt unverändert die oben schon geschilderte Arbeitsweise.

An Stelle von Indanthrengelb G sind im Schutzdruck anwendbar:

Indanthrengoldorange G (760)
Indanthrenblau GCD (842)
,,   **RS** (837).

---

[1] Es ist dies eine von der zum Färben verwendeten (siehe S. 26) verschiedene Auraminmarke.

II. Schutzdruck auf nicht vorbehandeltem Stoff.

Schutzweiß. Der Stoff wird bedruckt mit dem folgenden Ansatz:

    26 g Britishgum-Pulver
    23 g Gummiverdickung (50% ig)
    15 g Zinkoxyd
    10 g Natriumacetat
     5 g Magnesiumcarbonat
     5 g Glycerin
  15,5 g Wasser
   0,5 g Ultramarin (als Blende).

Der mit der Reserve bedruckte Stoff wird (auf der linken Seite) geklotzt, getrocknet, entwickelt, chromiert und fertiggestellt wie beim Prud'homme-Verfahren.

Buntschutz. Nach der gleichen Arbeitsweise wie oben erhält man bunte Muster auf Anilinschwarz, wenn man folgenden Schutzansatz anwendet:

     2 g basischer Farbstoff
    10 g Wasser
    33 g Stärkeverdickung
    25 g Zinkoxydteig (50% ig)
     5 g Zinkacetat
    25 g Albumin (50%ig).